Claus Meier

Phänomen Strahlungsheizung

Phänomen Strahlungsheizung

Ein humanes Heizsystem wird rehabilitiert

Prof. Dr.-Ing. habil. Claus Meier

3., durchgesehene Auflage

Mit 16 Bildern und 14 Tabellen

expert verlag

Bibliografische Information Der Deutschen Bibliothek

Die Deutsche Bibliothek verzeichnet diese Publikation in der Deutschen Nationalbibliografie; detaillierte bibliografische Daten sind im Internet über http://www.dnb.de abrufbar.

Bibliographic Information published by Die Deutsche Bibliothek

Die Deutsche Bibliothek lists this publication in the Deutsche Nationalbibliografie; detailed bibliographic data are available on the internet at http://www.dnb.de

ISBN 978-3-8169-3256-7

3., durchgesehene Auflage 2014
2., durchgesehene Auflage 2010
1. Auflage 2009

Geleitwort

Seit 1964 fasziniert mich die Strahlungsheizung; seit dieser Zeit beschäftige ich mich mit Heizleisten. Was ich anfangs noch für eine unauffällige Heizkörperart hielt, erwies sich dann später in der praktischen Erprobung als eine ungewöhnlich wirksame, indessen leider allgemein verkannte Heiztechnik. „Sockelkonvektoren" nannte sie einer der damaligen Wortführer der Heizungsbranche – und damit lag er denkbar falsch. Die entwickelten Heizleisten wirken eben gerade nicht konvektiv, sondern erwiesenermaßen ausschließlich strahlenintensiv. Davon wollen die Heizungsleute bis heute mehrheitlich aber nichts wissen. Sie stützen sich auf übliche Berechnungsmethoden, die seit etwa 1920 mit k-Werten und Temperaturdifferenzen zwar zu brauchbaren Leistungswerten für die überall eingesetzten Konvektionsheizungen mit Radiatoren und Konvektoren führen, die jedoch, wie sich später herausstellte, für eine strahlungsintensive Heiztechnik nicht anwendbar sind und deshalb nur sehr fragwürdige und fehlerbehaftete Leistungswerte liefern.

Mit derlei üblichen Formeln rechnend, kam ich in meiner unternehmerischen Praxis somit zwangsläufig zu reichlich überdimensionierten Anlagen. Nach Versuchen mit eigenen Heizanlagen und einigen ausgewählter Kunden erkannte ich, daß die halbe Größe der installierten Leistung nicht nur völlig ausreicht, sondern auch große Vorteile in Bezug auf die Regelbarkeit bringt. Fortan waren eigene Leistungswerte für die von mir projektierten Heizleistenanlagen die Grundlage meiner täglichen Praxis. Allerdings mußte ich diese Abweichungen von der Norm in allen Angeboten rechtlich gegen mögliche Angriffe aus der Branche mit dem Hinweis absichern: „Nicht nach DIN 4705".

Nach einem Zusammentreffen mit Professor Claus Meier erkannte ich dessen Neigung, physikalisch-mathematisch definierte Zusammenhänge und Fakten sofort in Kurven anschaulich darzustellen. Für mein Anliegen der verkannten Strahlenwärme konnte ich ihn anfangs kaum gewinnen. Deshalb schickte ich ihm kurzerhand ein Paket mit heiztechnischer Fachliteratur, in der ich teilweise die Kapitel über „Strahlung" eingemerkt hatte. Eine Weile hörte ich nichts, dann erreichte mich ein Anruf: „Hier Meier, die Heizungsbranche ist eine Mafia."

Ein langes Gespräch folgte, das mich über die offensichtlich falsch angelegten Formeln für eine strahlungsintensive Heiztechnik aufklärte. Einmal wurde auf Basis der „Halbraumstrahlung" die Leistung jeglicher Strahlflächen kurzerhand halbiert, zum anderen aber auch auf der Grundlage des „Strahlungsausgleiches" die Leistung mehrerer Strahler als Differenz gehandhabt. Mit diesen beiden Fehlannahmen konnte die Überlegenheit der in der Branche überall üblichen konvektiven Heizerei rechnerisch untermauert werden.

Die richtige Strahlungsleistung, die definitiv auf die Erkenntnisse der Herren Max Planck, Werner Heisenberg, Josef Stephan und Ludwig Boltzmann zurückgeht, stellte Professor Claus Meier in praxisgerechten Formeln und Kurven dar. Endlich hatte ich den Beweis meiner praktischen Erfahrung; nun nicht nur für Heizleisten, sondern auch für alle anderen neueren Strahlflächen, die ich entwickelt und praktisch erprobt hatte: Strahlplatten, Pfosten, Rahmen, Säulen und vieles mehr.

Es gibt heute keine heiztechnische Aufgabe, weder in historischen Bauten mit meterdicken Mauern noch im vergleichsweise leichten Fachwerk, auch nicht in modernen Glasbauten, die nicht mit Strahlenwärme gelöst werden könnte. Obendrein ist diese in die Zukunft weisende Heiztechnik raumklimatisch vollkommen, gesundheitlich wohltuend und unübertrefflich wirtschaftlich!

Die Arbeiten Prof. Claus Meiers leisten einen wichtigen Beitrag für die Verbreitung dieser Erkenntnisse in der gesamten Bauwelt. Schließlich müssen sich nicht nur die Heizungsbranchler auf den Wert der Strahlenwärme besinnen, sondern alle am Bau Beteiligten. Die physikalisch und physiologisch richtige Heiztechnik ist ja keinesfalls ein Anhängsel jeglicher Architektur, das „kosmetisch" und beliebig angebracht werden kann, sondern ein Teil eines ganzheitlich zu entwickelnden planerischen Geistwerks.

Das vorliegende Buch schließt die Wissenslücke und hilft uns, wieder daran zu denken, daß die Strahlenwärme der Sonne für das Leben auf der Erde die entscheidende Kraft darstellt – seit jeher und in aller Zukunft.

Alfred Eisenschink

Autorenvorwort

Durch eine sehr fragwürdige Interpretation der schon lange bekannten physikalischen Grundlagen wird Strahlungswärme in Theorie und Praxis falsch eingeschätzt; Strahlung wird, bewußt oder unbewußt, vehement benachteiligt. Dies führt bei vielen Beteiligten wie Heizungsbauern, Heizungsfirmen, Heizungsingenieuren, Lehrenden an Universitäten und Hochschulen zwangsläufig zu falschen Vorstellungen und fehlerhaften Empfehlungen. Technisches Wissen wird dabei meist durch wohldosierte Meinung ersetzt, was sich nun sogar auch in der Technik durchzusetzen scheint. Anders ist es nicht zu erklären, daß sich bereits überall derart viel technischer Nonsens auf dem Gebiet der Strahlungsheizung ausgebreitet hat.

Da immer mehr die Wirtschaft das Sagen hat, werden mittlerweile zukunftsträchtige Heiztechniken, die dem Umsatz der etablierten Heizungsbranche schaden könnten, konsequent gemieden und diskriminiert. Die Strahlungsheizung steht somit im Zielraster einer weitgehend die Konvektionsheizung favorisierenden Heizungsindustrie, die die einmal errungenen Märkte trotzig zu verteidigen versucht. Die Folgen sind Aussagen und Thesen über die bisher üblichen Konvektionsheizungen, die dann den Kunden als bewährte Errungenschaften einer „modernen" Heiztechnik präsentiert werden. In diesem Zusammenhang wird die Strahlungsheizung fälschlicherweise wie eine Konvektionsheizung gesehen und behandelt. Dies ist methodisch-physikalisch widersinnig und führt zwangsläufig zu widersprüchlichen und fehlerhaften Aussagen. Hier gilt es, Licht in das bewußt produzierte nebulöse Dunkel einer anzustrebenden und vorteilhaften Heiztechnik, eben der Strahlungsheizung, zu bringen.

Nürnberg, im Januar 2009 Claus Meier

Vorwort zur 2. Auflage

Der Erfolg des Buches erfordert in kurzer Zeit eine 2. Auflage. Möge diese wiederum dazu beitragen, den Siegeszug der Strahlungsheizung weiter zu forcieren.

Nürnberg, im Dezember 2009 Claus Meier

Vorwort zur 3. Auflage

Dass unser Buch nun in 3. Auflage erscheint, bezeugt das unverminderte Interesse am Thema „Strahlungsheizung". Möge es wieder viele interessierte Leser finden.

Nürnberg, im Juni 2014 Claus Meier

Inhaltsverzeichnis

1 Einleitung

Bauphysik entwickelt sich zusehend zu einer zwielichtigen Disziplin, denn allbekannte Naturgesetze, die Logik sowie die Mathematik werden vernachlässigt, negiert und mißbraucht. Bauphysik mutiert mit ihren offiziellen Thesen und Aussagen deshalb zu einer gefährlich werdenden Pseudowissenschaft. Sie beeinflußt und lenkt aber auch in unverantwortlicher Art und Weise mit Hilfe der DIN-Normen das derzeitige Denken und Handeln beim Bauen, so daß es kaum ein geistiges Entrinnen aus diesem Zwangskorsett gibt [Meier 00]. Im Schlepptau dieser unheilvollen Entwicklung hängt die Strahlungsphysik. Der Kunde jedoch ist bei diesem Geschäft immer und wieder einmal der Dumme.

Immerhin hat **Bertrand Russell** einmal gesagt:

„Selbst wenn alle Fachleute einer Meinung sind,
können sie sehr wohl im Irrtum sein."

Der große Trugschluß besteht im Glauben, allgemein verbreitete Meinung sei bereits fundiertes Wissen. Weit gefehlt. Allerdings leistet hier bedauerlicherweise die etablierte „Wissenschaft" in vorauseilender Hofart, aber auch in eitler Selbstüberschätzung und unverhohlener Arroganz unrühmliche Schützenhilfe.

Insofern gilt es, ausschließlich Wissen zu transferieren. Dies aber kann nur durch Aufklärung erfolgen. In [Postman 99] ist zu lesen:

„Der Schlüssel zum 21. Jahrhundert könnte in den Erkenntnissen des 18. Jahrhunderts liegen." Und weiter:

„Die intellektuelle Kraft, Ehrlichkeit, Klarheit, Courage und selbstlose Wahrheitsliebe der begabtesten Denker des achtzehnten Jahrhunderts sind bis heute ohne Parallele." Daraus leitet er die Notwendigkeit ab:

„Verläßliches Wissen sollte verfügbar gemacht werden und eine Veränderung der menschlichen Denkweise herbeiführen, sollte zum Zeughaus der Vernunft und die Vernunft zu der Kraft werden, die vernünftigen Wandel bewirkt."

Zu diesem Zweck muß allerdings die ausufernde skrupellose und brutale Geldwirtschaft, die Gier nach Mammon, überwunden und statt dessen die brachliegende Vernunft und die Logik, das Vordenken, Denken und Nachdenken, das auch nachdenklich macht, wieder reaktiviert werden.

2 Aufgabe und Zustand der Wissenschaft

Wissenschaft ist nach bisherigem Verständnis stets der Wahrheit verpflichtet, ein Grundsatz, der nicht leichtfertig aufgegeben werden darf. Allerdings bedrängen ständige Einflüsse merkantiler Art die Wissenschaft, so daß sie durchaus ins moralische Abseits geraten kann – und auch weitgehend gerät, denn fragwürdiges Handeln ist bereits jetzt schon oft gelebte und praktizierte Realität [Meier 08a].

Bereits vor über 25 Jahren wurden Aussagen niedergeschrieben, die ein bezeichnendes Licht auf die heutige Zeit werfen [Steinbuch 79]:

„Kants Aufforderung, sich seines eigenen Verstandes ohne Leitung eines anderen zu bedienen, war ein Appell zur geistigen Freiheit. Aber in unserer Zeit wurde die Massenkommunikation zum Instrument der Steuerung des eigenen Verstandes und behindert dessen autonomen Gebrauch.“

„Wir nähern uns .... der Situation, in der die Massenmedien zur Dressur der Massen mißbraucht werden.“

„Es entsteht eine Massenkommunikation, der es in erster Linie darum geht, mit Information Geld und Macht zu gewinnen.“

„Man übersieht aber leicht die viel schlimmere Entfremdung des Menschen von ‚seiner' Meinung, die tatsächlich nicht mehr seine Meinung ist, sondern von anderen professionell produziert wird.“

„Hier wird Bewußtsein enteignet.“

„Aber Information kann auch das Bewußtsein verwirren und die Menschen gegeneinander aufhetzen.“

„Uns werden ständig Fortschritte eingeredet, die sich in der Wirklichkeit als schwerwiegende Rückschritte erweisen.“

„So bilden sich Clans gegenseitiger Zustimmung, Bestätigung, Hochlobung und Prämierung – und gemeinsames Abblocken gegenüber Kritikern dieses Privilegs.“

„War früher die geistige Entwicklung durch immer bessere Unterscheidungen bestimmt, so dominiert in unserer Zeit eine gigantische Simplifikationsmaschine.“

„Die Pluralität der Meinungen in den Massenmedien schafft Rechtfertigung für fast alle Verrücktheiten unserer Zeit und vernachlässigt das ‚Normale', auf dessen Existenz unser Zusammenleben beruht.“

Steinbuch zieht das Resümee:
„Und sollte mal einer wagen, diesen Skandal der gegenwärtigen Informationsproduktion, dieses Mißverhältnis von Macht und Moral zur Sprache zu bringen, dann zeigen sie ihm, was eine Harke ist.“

Diese Feststellungen sollten sich die heutigen „Macher“ einmal ernsthaft zu Gemüte führen, sofern sie dazu überhaupt in der Lage sind – oder sein wollen.

Darüber hinaus beschreibt **Di Trocchio** die amerikanische „Wissenschaft“, ein offensichtlich gern nachzuahmendes, jedoch in letzter Konsequenz abzulehnendes Vorbild unserer Wissenschaftspolitik, wie folgt [Di Trocchio 95]:

„..., daß die Forschung nach den Kriterien der pragmatischen Effizienz- und Managerlogik organisiert wurde, wie sie für die amerikanische Gesellschaft typisch ist.“ Und deshalb weiter:

„..., kam es zu einer Art Diktatur der Mittelmäßigen: Wissenschaftler mit mäßigen Fähigkeiten besetzten die Gremien für die Zuweisung und Verteilung der Forschungsgelder.“ Dies hat Konsequenzen und so folgt die Warnung:

„Sehr wohl kann und muß verhindert werden, daß die Wissenschaft in die Hände kleiner und gewöhnlicher Betrüger fällt.“

Diese Form von Wissenschaft macht sich mittlerweile auch bei uns in Europa immer mehr breit – in Lakaienart trottet man folgsam diesem „Nützlichkeitspostulat“ hinterher, ohne an die verheerenden Folgen einer derartigen „Wissenschaftspolitik“ zu denken. Immerhin wird auch erwähnt:

„Nach allgemeiner Auffassung hingen die großen Erfolge der modernen Wissenschaft mit der seit Galilei angewandten deduktiven Methode zusammen. Sie bestand in dem kombinierten und umsichtigen Einsatz von Beobachtung, Logik, Mathematik und Experiment.“

Diese Abfolge ist wichtig und bedeutsam, denn wenn die Beobachtung, die Logik und die Mathematik bereits zur Falsifikation von Aussagen führt, dann kann ein Experiment dieses Dilemma auch nicht retten. Insofern werden oft auch unsinnige Experimente durchgeführt, die nur zu einem chaotischen Durcheinander führen. Und so sagt **Di Trocchio** auch:

„Die wissenschaftliche Erforschung des Chaos könnte sich, kurz gesagt, in eine chaotische Wissenschaft verwandeln, in der es von falschen und bedeutungslosen Entdeckungen nur so wimmelt“ [Di Trocchio 95].

Werden „wissenschaftliche“ Thesen analysiert, man denke nur unter anderem an den „Klimawandel“, so überschlagen sich die banalen und absurden Aussagen rein quantitativ derart, daß nur von einem Informationsschrott gesprochen werden kann. Und alle mäßig Denkenden sind von diesem Unfug begeistert.

In [Di Trocchio 98] heißt es deshalb:

„Wissenschaftliche Institutionen sind dagegen oft stumpfsinnig konformistisch: Sie sind nicht nur nicht in der Lage, anders zu denken, sondern weisen diejenigen, die es versuchen, auch noch zurück und grenzen sie aus.“ Und weiter:

„Die Anmaßung, im alleinigen Besitz der Wahrheit zu sein, hat das wissenschaftliche Establishment dazu verleitet, auch das Monopol der Wissenschaftsfinanzierung und der Veröffentlichungsmöglichkeiten zu fordern.“ Dies hat zur Folge:

„Viele vorgebliche Wissenschaftler halten es für gerechtfertigt, eine totale Kontrolle über das Wissenschaftssystem auszuüben.“

„Dabei bilden Wissenschaftler (häufig unsichtbare) Tribunale, die ebenso, wenn nicht sogar grausamer als die Inquisition sind. Es bleibt nur der Schluß, daß heu-

te die Intoleranz der Religion durch die Intoleranz der Wissenschaft ersetzt worden ist."

Durch die Symbiose von Wirtschaft, Wissenschaft und Administration sind diese Urteile von **Di Trocchio** heute bereits gelebte Realität. Von der Wissenschaft ist also nicht viel zu erwarten. Im Gegenteil: Es muß immer wieder versucht werden, sich den unschönen Einflüsterungen und kommerziellen Umklammerungen der Wirtschaft zu entziehen, damit sich die doch so hoch notwendigen seriösen und integren Kräfte geistig (und auch seelisch) voll entfalten können. Die Erfahrung allerdings lehrt, daß „unbequeme Geister" systematisch eliminiert werden. Mißliebige Informationen sind halt zu jeder Zeit unerwünscht – auch bei uns.

Einstein äußerte sich häufig über die Wissenschaft. Hier einige Beispiele aus einem Jubiläumsband, der zeigt, daß sogar auch er seine liebe Not mit der Wissenschaft hatte [Rosenkranz 04]:

1902 erhielt er eine Stelle als „Technischer Experte III. Klasse" am Patentamt in Bern. Hierüber ist zu lesen:

„Er stand nun zwar abseits vom etablierten Forschungsbetrieb ..., aber dies erlaubte ihm auch, aus reiner Freude am Begreifen neue Theorien zu ersinnen, ohne daß Karrierezwänge sein schöpferisches Denken hemmten."

Heute darf nicht mehr schöpferisch gedacht werden, sondern nur noch „kreativ" im Sinne einer Nützlichkeit, wie sie auch immer definiert sein mag. Meist sind damit lediglich „Effizienzkriterien" und „Verwertungsmaximen" gemeint, ohne nun an Moralmaßstäbe wie Glaubwürdigkeit und Seriosität, an Wahrheitssinn und Verantwortung gebunden zu sein.

Über die Verantwortung des Wissenschaftlers heißt es dort:

„Forschung war für ihn das Streben nach Erkenntnis der Wahrheit ... und der war zutiefst überzeugt vom unveräußerlichen Recht des Wissenschaftlers auf unabhängiges Denken, Forschen und Handeln. Deshalb forderte er freien Zugang zu jeder gewünschten Information und die Möglichkeit, Arbeitsergebnisse im Kollegenkreis ungehindert auszutauschen. Nach Einsteins Überzeugung steht es weder dem Staat noch der Gesellschaft zu, die Freiheit der wissenschaftlichen Forschung einzuschränken."

Heute ist das ganz anders geworden. Aus einem Brief bereits vom 23. Januar 1950 an E. Mußte wird zitiert:

„Ich ... habe mich nicht gescheut, meine Überzeugung bei jeder sich darbietenden Gelegenheit offen auszusprechen, wie ich es für meine Pflicht halte. Aber die einzelne Stimme verschwindet in dem Gebrüll der Menge – es ist immer so gewesen."

Auch schon früher konnte man sich also nur schwer mit eigenen Ansichten über die zu ergründende Wahrheit durchsetzen. Entsprach dies nicht der gewohnten, ja meist medienwirksam produzierten Kost, dann wurde gepöbelt und verletzt.

Im Herbst 1954 bat der Chefredakteur der Zeitschrift „Der Reporter" Einstein um eine Stellungnahme zu einer Artikelserie über die aktuelle Situation im Wissenschafts- und Bildungssektor. **Einstein** antwortete am 13. Oktober 1954:

„Wäre ich noch einmal ein junger Mensch und stünde ich erneut vor der Entscheidung über den besten Weg, meinen Lebensunterhalt zu verdienen, so würde ich nicht ein Wissenschaftler, Gelehrter oder Pädagoge, sondern eher ein Klempner oder Hausierer werden wollen in der Hoffnung, mir damit jenes bescheidene Maß an Unabhängigkeit zu sichern, das unter den heutigen Verhältnissen noch erreichbar ist."

Bei der heutigen Kommerzialisierung der gesamten Gesellschaft ist von diesen hehren Wünschen nichts mehr übrig geblieben. Einstein könnte heute noch nicht einmal Klempner werden, denn unerbittlich wird man durch Vorschriften, Verordnungen und Richtlinien, durch eine überbordende Bürokratie förmlich stranguliert und demontiert. Selbst das Handwerk hat darunter zu leiden.

Bei der Wissenschaft spricht **Ratzinger** in [Ratzinger 05] sogar ungeniert von der

„Pathologie der Wissenschaft."

Die Folge sind falsche und praxisferne Empfehlungen, die den Kunden dann als „moderne" Erkenntnisse, eben als den vielgepriesenen Fortschritt präsentiert werden. Die Propaganda-Maschinerie mit Allgemeinplätzen läuft auf Hochtouren, Gehirnwäsche ist angesagt. Dies alles geschieht unter der Ägide einer vielbeschworenen, jedoch mißverstandenen und mißbrauchten „Freiheit." Es werden verstärkt Wege eingeschlagen, die für die Wirtschaft vorteilhaft, für Kunden und Verbraucher aber meist nachteilig sind. Dabei wird dann der Begriff Wahrheit einem sehr breiten Interpretationsspielraum ausgesetzt, der meist Täuschung und Betrug mit einschließt.

Bei der deshalb notwendigen Frage nach dem "Richtig oder falsch" geht es nun wahrlich nicht um Meinungen, sondern um solides und handfestes Wissen, damit zwischen Wahrheit und Unwahrheit und damit letztlich zwischen gut und böse deutlich unterschieden werden kann. Natürlich läßt sich über wahr oder unwahr trefflich streiten, doch gibt es hierfür eine vorzügliche Richtschnur, die von **Karl Raimund Popper** stammt und wie folgt erläutert wird [Di Trocchio 95]:

„Karl Popper zeigte, daß immer nur der Beweis dafür möglich ist, daß etwas falsch ist, während es sich nie letztgültig beweisen läßt, daß etwas wahr ist. Dies bedeutet, daß alle wissenschaftlichen Theorien, die wir für wahr halten, nicht deshalb als wahr betrachtet werden können, weil ihre Wahrheit wirklich bewiesen worden ist, sondern nur, weil es den Wissenschaftlern, die sie formuliert haben, gelungen ist, ihren Kollegen und uns glaubhaft zu machen, daß sie wahr seien. Normalerweise schließt das die Verwendung mehr oder weniger schwerwiegender Fälschungen und Tricks mit ein, die jedoch nicht als solche erkannt werden, oder wenn, dann erst nach langer Zeit."

An derartigen Fälschungen und Tricks mangelt es heutzutage leider nicht; wir werden damit überhäuft, denn immerhin sagte **Hubert Markl**, Präsident der Max Planck Gesellschaft, auf der EXPO in Hannover (FAZ vom 26. 07. 2000):

„Lügen und Betrug seien integrale Bestandteile des Forschens."

Auch Bauphysik und als Anhängsel die Strahlungsphysik „forscht" in diesem Sinne und tangiert damit den Straftatbestand des Betrugs. Dieser schwerwiegende

Vorwurf ist berechtigt; denn noch lautet der Text im Strafgesetzbuch § 263 „Betrug" nach wie vor:

„(1) Wer in der Absicht, sich oder einem Dritten einen rechtswidrigen Vermögensvorteil zu verschaffen, das Vermögen eines anderen dadurch beschädigt, daß er durch Vorspiegelung falscher oder durch Entstellung oder Unterdrückung wahrer Tatsachen einen Irrtum erregt oder unterhält, wird mit Freiheitsstrafe bis zu fünf Jahren oder mit Geldstrafe bestraft.

Der Straftatbestand des Betrugs ist damit eindeutig definiert und liefert klare Kategorien einer Beurteilung. Und dazu gibt es heute genügend Möglichkeiten der Betätigung. Die Vorspiegelung falscher und die Entstellung oder Unterdrückung wahrer Tatsachen sind in der gegenwärtigen „modernen", „fortschrittlichen" und „freiheitlichen" Medienlandschaft mit ihren wohlfeilen Werbesprüchen wieder zum allgemeinen Standard des merkantilen Denkens und Handelns geworden. Eine „moderne Justiz" allerdings wird auch diesen Paragraphen eines Tages wahrscheinlich „reformieren" wollen.

Immer wieder muß darauf aufmerksam gemacht werden, daß Wissenschaft nicht x-beliebig eingesetzt, gehandhabt und interpretiert werden darf.

Auf dem 5. Bildungspolitischen Forum des BFW (Bund Freiheit der Wissenschaft e. V.) wurde bereits vor über zwanzig Jahren von **Wild** auch gesagt [Wild 86]:

„Ich meine, daß wir Wissenschaftler uns auf diese ethische Grundlage unseres Handelns wieder stärker besinnen müssen. Man fordert heute mit Recht eine Ethik der Technik, die uns die Grenzen aufzeigt, die dem Machbaren zu ziehen sind. Wir werden aber schwerlich eine Ethik verantwortlichen Handelns entwickeln können, wenn wir uns nicht auf die Wahrheit verpflichten und wenn wir der Forderung wissenschaftlicher Redlichkeit zuwiderhandeln. Der Zweck hat noch nie die Mittel geheiligt und das Mittel der Manipulation der Wahrheit am allerwenigsten. Bemühen wir uns also um Sachlichkeit, Aufrichtigkeit, Redlichkeit und prüfen wir uns selbstkritisch, ob unsere Aussagen wirklich durch Fakten fundiert sind und nicht aus Vorurteilen entspringen. Wenn wir so handeln, dann wird es zwar noch immer richtige und falsche Aussagen geben, aber die Beeinträchtigung der Glaubwürdigkeit durch eine willentliche Verschleierung, Verstümmelung oder gar Verfälschung der Wahrheit, dieses Problems, das heute die Atmosphäre vergiftet und das Ansehen der Wissenschaft zu ruinieren droht, wird seine Brisanz einbüßen und hoffentlich sogar gänzlich verschwinden".

Aus diesem Grunde wurde dann noch erwähnt:

„Die Wissenschaft hat in den Augen der Öffentlichkeit ihre Glaubwürdigkeit eingebüßt. Der Mann auf der Straße ist heute davon überzeugt, daß man bei jedem Problem für jede Auffassung einen Wissenschaftler gewinnen kann, der sich die gewünschte Auffassung zu eigen macht und sie mit Verve und im Brustton der Überzeugung vertritt."

und

„Die etablierte Wissenschaft gilt nicht länger als eine Institution, die objektiv gültige Erkenntnis zu Tage fördert, sondern als ein Instrument zur Durchsetzung von

Interessen der herrschenden Klasse, sie ist in den Streit der Parteien hineingezogen worden"

Das waren noch Zeiten, als über Wissenschaft noch derart kritisch geurteilt werden konnte. Heute hat sich dies alles gewandelt und im „Wissenschaftsbetrieb" ein Geist verfestigt, der nur noch von „Effizienz", „Nützlichkeit" und der daraus resultierenden „Geldgier" geprägt wird. Auch die „Wissenschaft" muß Kasse machen – getreu dem amerikanischen „Ökonomie – Vorbild."

Was in der Wissenschaftsszene geschieht und wie dort gedacht und gehandelt wird, charakterisiert recht deutlich ein Artikel, der bereits Ende der achtziger Jahre geschrieben wurde; hier ein paar Auszüge [Altendorf 88]:

„Überall, wo Forschung finanziell gestützt wird, wo infolgedessen und zwangsläufig Institutionen entstehen, zeigt sich rasch die typische, ja unvermeidliche Verkrustung gerade dort, wo Aufgeschlossenheit im Sinne der Arbeit logisch wäre. Man hat, so glaubt man wohl, das eigene Feld völlig abgesteckt. Und was da nun an wirklich ungewöhnlichen, deshalb ‚abseitigen' und ungewohnten Ideen von außen herangetragen wird, liegt weit jenseits der gewohnten Kost und verfällt dazu fast ausschließlich ohne ernsthafte Prüfung mit geradezu grotesker Regelmäßigkeit der Ablehnung." Und weiter sagt er:

„Wo sich der Erfinder zur Wehr setzt, erlebt er die nicht weniger typische Gegenreaktion in grotesker Arroganz und tief verletzenden Spott, deren stilistische Gleichartigkeit interessante psychologische Schlüsse gestattet. Denn gleichzeitig fühlt man sich elementar bedroht. Ein Amt macht überdies extrem ‚zuständig', wo gar noch Rang oder Titel damit verknüpft sind, verführen diese manchmal zu überheblicher Selbstüberschätzung."

Zur Lage der kritischen Geister in der Gesellschaft heißt es:

„Sie werden fast immer geschmäht, lächerlich gemacht, ja beschimpft, vor allem: ihrer Würde beraubt. Bleiben sie dennoch hartnäckig, und das bleiben erstaunlich viele, zweifelt man endlich und ernstlich ihren gesunden Verstand an, hält sie ‚für nicht ganz normal'. Man will um jeden Preis, auch um den, sich nun selbst lächerlich zu machen, bei der gewohnten Hausmannskost bleiben."

Insofern wird die „Wiederentdeckung" bereits vorhandenen Wissens, das weitgehend infolge einer ungehinderten Informationsschwemme von Nonsens verschüttet und deshalb ignoriert und negiert wird, wichtig. Hierzu sagt **Postman**:

„Man sollte aus dem Geschäft mit der Information aussteigen und sich im Geschäft mit dem Wissen engagieren. Wer über Wissen verfügt, weiß, wie er Informationen einzuschätzen hat, ... und vor allem weiß er, wenn Informationen irrelevant sind" [Postman 99].

Der mit den Namen **Einstein** und **Planck** verbundene gute Ruf der Wissenschaft ist mit dem „Wissenschaftsverständnis" von heute, unbedingt eine Symbiose mit der Wirtschaft eingehen zu müssen, dahin. Die Analyse der heutigen Wissenschaftsszene zeigt den moralischen Niedergang zugunsten einer recht dubiosen und fragwürdigen Entwicklung, die die Gewinnmaximierung in der Wirtschaft zum

Vorbild und Inhalt ihres Wirkens macht. Dies bedeutet ja bei der Wirtschaft weitgehend *shareholder value* und bei vielen Großbetrieben damit Verlagerung und Arbeitsplatzabbau, wenn nicht sogar Stillegung, Zerschlagung und damit Beseitigung einer unliebsamen Konkurrenz. Diese Denkart gilt im übertragenden Sinne mittlerweile auch für die Wissenschaft, die maßlos mißbraucht und vor den globalen „Gewinn-Maximierungs-Karren" gespannt wird – sehr zur Freude der dort angesiedelten geistig Mittelmäßigen, die natürlich freudig jubilieren.

Das heißt im Klartext:
Gesellschaftswidrige Maßnahmen, Betrug und Täuschung gehören gegenwärtig zum üblichen betriebswirtschaftlichen Denken und Handeln in der Gesellschaft. Dies kann jederzeit unübersehbar und unwiderlegbar in den Tageszeitungen registriert werden. Die Finanzwelt agiert und regiert mittlerweile diktatorisch und ausbeuterisch, ist vom Geldwahn befallen und vernichtet auf Kosten auch der Steuerzahler Geldvermögen in Milliardenhöhe. Man spricht sogar schon von Billiarden.

Es gab einmal eine Zeit, da konnte man sich auf die Aussagen von Wissenschaft und Administration verlassen. Die Wirtschaft richtete sich danach und entwickelte Produkte, die der Kunde dann ohne Bedenken annehmen konnte. Wissenschaft unterlag noch einem unausgesprochenen Ehrenkodex.

Trotz vieler fragwürdiger Tendenzen in der Wissenschaft, die schon damals klar erkennbar waren, wurde aber gerade auch deshalb besonders von **Wild** auf folgende Notwendigkeit hingewiesen [Wild 86]:
"Bei aller historisch oder sonstwie bedingten Einkleidung muß in den Naturgesetzen ein unbestreitbarer Wahrheitskern enthalten sein. Die Verpflichtung auf das Bekenntnis zur Wahrheit und auf das Bemühen um Unvoreingenommenheit ist deshalb sinnvoll und gerechtfertigt. Wir erreichen zwar die volle Objektivität niemals, aber wir können uns um sie bemühen und wir können ihr nahekommen".

Hier nun muß die ethische Verantwortung des Wissenschaftlers zum Tragen kommen. Aber gibt es diese Einstellung heutzutage überhaupt noch? Knallhart und unmißverständlich muß festgestellt werden, daß der Mensch, der Kunde, der Verbraucher zur Manövriermasse und zum vereinnahmten Konsumenten einer inhumanen Wirtschaft auserkoren worden ist – und eine korrumpierbare Wissenschaft kooperiert in trauter Symbiose.

Das traurige Ergebnis wird deshalb sein: Der Kunde wird mit verheißungsvollen Produkten werbewirksam überschüttet, wobei Qualität weitgehend durch Quantität, eben durch Massenumsatz und damit „Plunder", ersetzt wird. Eine kritische Durchsicht der niederprasselnden Werbeslogans ist deshalb immer zu empfehlen, um vor bitteren Enttäuschungen einigermaßen sicher zu sein. Gerade die Strahlungsphysik in Theorie und Praxis muß von allem Fehlerhaften befreit werden, um endlich die Bedeutung einnehmen zu können, die ihr in Realität zusteht. Die etablierte Heiztechnik muß endlich das Phänomen Strahlungsheizung zur Kenntnis nehmen.

3 Die Physik der Strahlung

Mit der Zivilisation entwickelte sich auch die Heiztechnik, mit der in unserem Klima während der Winterzeit thermisch behagliche Wohnverhältnisse geschaffen werden sollen. Nun gibt es verschiedene Möglichkeiten, Wärme zum Zwecke der Heiznutzung zu produzieren; Eine humane Heiztechnik allerdings muß den Anspruch erheben, Nutzenergie zur Verfügung zu stellen, die vom menschlichen Organismus als wohltuend empfunden wird und demzufolge im technischen Sinne auch als angemessen angesehen werden kann. Dies ist nicht selbstverständlich, denn die Vielfalt der Heizmöglichkeiten beinhaltet auch automatisch eine Vielfalt in der physiologischen Bewertung der einzelnen Heiztechniken.

Jedes Gebäude in unseren Breitengraden muß beheizbar sein. Wie dies geschieht, dafür haben sich Techniken herauskristallisiert, die in unterschiedlichster Art und Weise wirken.

Es gibt drei Möglichkeiten der Wärmeübertragung:

1. Die Wärme*strömung*, bei der ein zu bewegender Wärmeträger die Energie transportiert. Warme Winde in der Natur oder die Luftheizung im Gebäude (Konvektionsheizung), aber auch der Golfstrom oder das Warmwasser in einer Heizungsanlage charakterisieren diese Art des Wärmetransportes.
2. Bei der Wärme*leitung* wird Wärme in Stoffen vom hohen zum niedrigen Wärmepotential hindurchgeleitet. Die geothermische Erdwärme in der Natur oder die durch Sonne erwärmte Außenhülle eines Gebäudes sind hierfür typische Beispiele.
3. Die Wärme*strahlung* ist die dritte Form des Energietransportes. Jeder Körper strahlt Energie ab, die sich ohne Energieträger im Raum, also auch im luftleeren Raum, fortbewegt. Insofern spricht man besser von einer Energiestrahlung. Die Solarstrahlung, aber auch eine Strahlungsheizung oder nur temperierte Strahlflächen im Raum sind markante Beispiele hierfür.

Die Wärmeströmung entwickelt sich durch eine gemeinsame Bewegung der Moleküle, die Druckunterschiede auszugleichen trachtet, die Wärmeleitung wird durch die kinetische Theorie der Wärme verständlich (die größere Bewegungsenergie der wärmeren Moleküle wird an die kälteren Moleküle abgegeben); die Wärme- oder besser Energiestrahlung jedoch ist mit den Mitteln der kinetischen Theorie der Wärme, der Thermodynamik, nicht zu erklären; hier müssen elektromagnetische Erscheinungen der Materie, also quantentheoretische Überlegungen herangezogen werden, um die Wirkungsweise zu verstehen.

Bei der Strahlung geht die von der Wärmeenergie hervorgerufene ungeordnete Bewegung der Moleküle eines Körpers als Stoß auch auf die Elektronen der Atome über. Diese geraten dadurch in Schwingungen verschiedener Frequenzen. Die Schwingungen verstärken sich zunehmend mit steigendem Wärmestand. Die

Elektronen senden ihrerseits elektromagnetische Strahlungen aus. Sie sind wesensgleich den Lichtstrahlen. Je höher der Wärmestand, je lebhafter also der Anstoß ist, desto kurzwelliger werden die Wärmestrahlen, bis sie endlich in den Bereich der sichtbaren Strahlen gelangen und als Licht wahrzunehmen sind [Cord-Parchim 53]. Insofern ist Wärme- oder Energiestrahlung methodisch von der Wärmeströmung und auch der Wärmeleitung zu trennen. Strahlung und demzufolge auch eine Strahlungsheizung folgen insofern den Gesetzen elektromagnetischer Wellen und damit den Gesetzen der Quantenmechanik.

Als erste, grundsätzliche Klassifikation einer Heizanlage gilt deshalb die Unterscheidung zwischen Konvektionsheizung (Luftheizung) und Strahlungsheizung. Hier geht es nun ausschließlich um die Strahlungsheizung. Die Wirkmechanismen beider Heizsysteme unterliegen allerdings völlig unterschiedlichen physikalischen Gesetzen, die diametral gegenüberstehen. Immerhin genießt der Mensch seit Urzeiten die Vorteile der Sonne, so daß es an der These „Heizen wie die Sonne" eigentlich keinen Zweifel geben sollte. Doch zu dieser einfachen und simplen Aussage bestehen in der etablierten Fachbranche offensichtlich unüberwindbare Aversionen, zumindest jedoch gravierende Bedenken.

3.1 Seit Jahrmillionen wirkt die Sonne

Die Sonne, die kulturphilosophisch die Menschen schon immer fasziniert und das Denken der Menschheit stark beeinflußt hat, darf auch heute im Zeitalter der Technik nicht vernachlässigt werden. Den Energiestrahlen der Sonne verdanken wir immerhin alles Leben auf der Erde. Gerade das zur Zeit sehr vehement auf Energie abgestimmte Denken und Handeln wäre viel zu elementar und simplifiziert, wenn die seit jeher bestimmende Kraft unseres Lebens ignoriert werden würde. Die Vorstellung, durch den „technischen Fortschritt" könne vieles substituiert werden, ist eine auf das „technisch Machbare" ausgerichtete Philosophie und berücksichtigt nicht die Gefahren und negativen Begleitumstände, die mit der Durchsetzung dieser Machbarkeitsthese verbunden sind. „Fortschrittliche" Technik bedeutet oft Rückschritt und Gefahr, bedeutet grenzüberschreitende und damit skrupelbehaftete Aktivitäten.

Denaturierte Lebensmittel durch industriell produzierte, krankmachende Nahrungsmittel [Naujoks 07], der kranke Mensch als „Austauschobjekt für mechanische und organische Ersatzteile", Stammzellenforschung und Genmanipulationen von Mensch, Tier und Pflanze, das alles sind Beispiele überbordender Aktivitäten, die in die falsche Richtung weisen – es sei denn, man will selbst am „Kranksein" noch mächtig abkassieren. Es liegt der Verdacht nahe, daß mit neuen Techniken als Zeichen globaler Fortentwicklung sich mehr das monetäre Denken und Handeln bestimmter Wirtschaftszweige verstärkt durchzusetzen versuchen. Im Zuge *dieser* Tendenzen wird zur Zeit bedauerlicherweise „Strahlung und Solarenergienutzung" hauptsächlich durch den Einsatz maschinen- und elektrotechnischer Lösungen verwirklicht, die verstärkt durch hohe, meist zu hohe Investitions- und Folgekosten gekennzeichnet sind. Die Verwendung „aktiver Systeme" (Kollektoren, Photovoltaik, Erdwärmetauscher) sollte deshalb aus Kostengründen zugunsten kostengünstiger „passiver Systeme" (Absorption, Speicherung) eingeschränkt, wenn nicht sogar vermieden werden.

Bei der immensen Energiemenge, die die Sonne der Erde schenkt, ist die Frage interessant, welche Flächengröße der Gesamt-Sonnenoberfläche für die Erwärmung der Erde in Anspruch genommen wird?

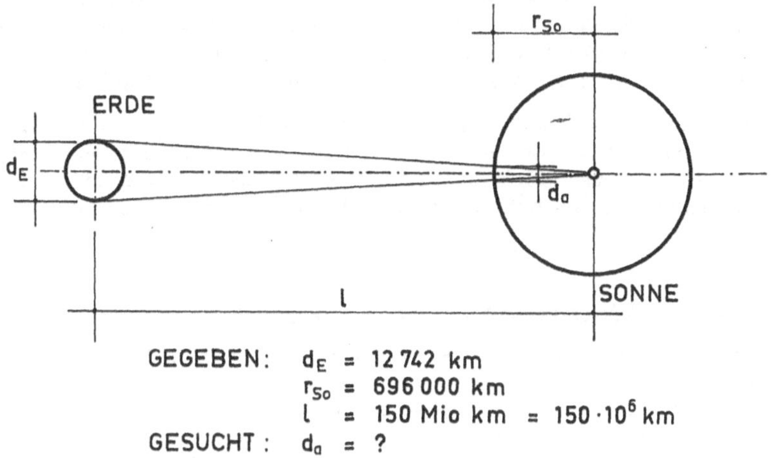

Bild 1: Größe der Sonnenoberfläche, die die Energie zur Erde liefert.

Mit den in Bild 1 angegebenen Abmessungen kann mittels einer einfachen Proportionalitätsrechnung der auf der Sonnenoberfläche beanspruchte Durchmesser d_a berechnet werden. Es sind in der Tat lediglich nur geringe 2745 km² auf der Sonnenoberfläche, die die Versorgung der Erde mit Sonnenenergie übernehmen. Eine Kreisfläche mit einem Durchmesser von 59,12 km reicht also dafür aus.

Es ist schon recht erstaunlich, welch geringer Fläche von der gesamten Sonnenoberfläche wir doch unser Leben und unsere Existenz auf der Erde verdanken. Allein nur die kleine Fläche mit einem Durchmesser von weniger als 60 km spendet entsprechend der an der Obergrenze der Erd-Atmosphäre wirkenden Solarkonstante von 1,36 kW/m² die Energiemenge, die das Überleben im eisigen Weltraum gewährleistet. Daran kann man ermessen, welche ausgezeichnete Wirkung Solarstrahlung im allgemeinen und im übertragenen Sinne dann natürlich die Strahlungsheizung im besonderen hat.

Die Sonne liefert das Leistungspotential der Solarkonstante von 1,36 kW/m²; durch Reflektion und Absorption wird die Sonnenstrahlung jedoch stark geschwächt, so daß davon ca. 47 % auf die Erdoberfläche gelangen [Stoy 80], [KEN 83]. Das wären dann im Mittel rund 645 W/m², die dann als Globalstrahlung wirken können. Aufgeteilt kann dieser Wert im einzelnen auf Infrarotstrahlung mit etwa 53,5%, auf sichtbares Licht mit ca. 45,0% und auf Ultraviolettstrahlung mit ca. 1,5% [Leitgeb 90].

Da die realen Größenabmessungen von Sonne und Erde jedoch schwer vorstellbar sind, soll eine einfache Transformation in überschaubare Dimensionen mithelfen, eine rechte Vorstellung über die Größenverhältnisse zu erlangen.
Werden die rund 2745 km², die für die von uns empfangene Energie und damit für unsere Existenz verantwortlich zeichnet, und damit auch der Durchmesser von 59,12 km auf die Größe eines 1 Euro-Geldstückes reduziert, dann vermindert sich die Sonnenoberfläche von insgesamt $6{,}087 \times 10^{12}$ km² auf rund 0,921 km². Dies entspricht dann einer Kugel mit einem Durchmesser von knapp 542 m.

Man stelle sich vor: Auf einer riesigen Kugeloberfläche mit einem Durchmesser von über einem halben Kilometer, also einem riesigen Ball mit enormen Ausmaßen, liegt ein 1-Euro-Geldstück – fast ein Nichts – und diese Winzigkeit liefert uns die Sonnenenergie und schafft die Voraussetzungen für das Leben auf unserer Erde.

3.2 Das elektromagnetische Spektrum

Die Heiztechnik der Zukunft kann wegen der gewaltigen Vorteile nur Strahlungsheizung heißen und ist damit eine große Konkurrenz für die allgemein übliche Konvektionsheizung. Über Strahlungsheizung weiß man noch zu wenig und so ist es nicht verwunderlich, daß kritische Fragen auch bezüglich einer gesundheitlich schädlichen Strahlenbelastung gestellt werden. Hier wird dann an den Elektrosmog gedacht; aber auch die Diskussionen über Gefahren für die Gesundheit bei radargeschädigten Soldaten sowie durch Mobilfunknetze fördern die Sensibilität der Bevölkerung.

Ganz allgemein ist zu sagen: Eine elektromagnetische Strahlung reicht von der kosmischen Höhenstrahlung (Wellenlänge $\lambda = 10^{-14}$ µm bzw. 3×10^{19} GHz) bis zum Bahnstrom ($\lambda = 1{,}8 \times 10^{13}$ µm bzw. 16 2/3 Hz). Wie ist nun in diesem breiten Feld physikalischer und technischer Möglichkeiten die Strahlungsheizung und die damit eventuell verknüpften widerstreitenden Meinungen einzuordnen?

1. Die Energiestrahlung (Temperaturstrahlung) einer Strahlungsheizung mit Oberflächentemperaturen zwischen ca. 30 °C und etwa 80 °C umfaßt nach dem Planckschen Strahlungsgesetz den schmalen Wellenlängenbereich λ von etwa **3 bis 50 µm** (siehe Bild 6). Bei einer Strahlungsheizung ist also nur dieser winzige Wellenlängenbereich wirksam und demzufolge auch nur physiologisch zu bewerten. Dabei liegt nach dem Wienschen Gesetz die größte spektrale Intensität einer Temperaturstrahlung von 30 °C bei $\lambda = 9{,}6$ µm, einer Temperaturstrahlung von 80 °C dann bei $\lambda = 8{,}2$ µm.
2. Das sichtbare Licht liegt zwischen den Wellenlängen $\lambda = 0{,}38$ µm (violett) und $\lambda = 0{,}78$ µm (rot) bzw. grob zwischen 0,4 und 0,8 µm.
3. Die Sonnenstrahlung umfaßt etwa den Bereich zwischen $\lambda = 0{,}20$ und 7 µm. Es ergibt sich somit nur im Infrarot-Bereich eine Überschneidung mit der Strahlungsheizung.
4. Infrarote Energiestrahlung ($\lambda > 0{,}78$ bzw. 0,8 µm) liegt nach Bild 2 (aus [Meier 95]) oberhalb des Lichtes und reicht sogar bis zu einer Wellenlänge λ von

etwa 300 µm. Diese hohen Wellenlängen allerdings werden von einer Strahlungsheizung mit einer Wellenlänge bis zu 50 µm bei weitem nicht erreicht.

Die nachfolgend aufgeführten bekannten anderen elektromagnetischen Strahlungen liegen weit außerhalb des Wellenlängenbereiches einer Strahlungsheizung von ca. 3 bis 50 µm und können somit als Beispiele gesundheitlicher Gefährdung einer Strahlungsheizung nicht herangezogen werden.

5. Mikrowellenstrahlung liegt etwa zwischen λ = 300 µm und 10^6 µm. Mikrowellenherde haben Wellenlängen im Dezimeterbereich (λ etwa 10^5 µm) nahe der Eigenfrequenz von Wassermolekülen, wodurch diese die Wellen absorbieren und damit die Nahrung erwärmen (z. B. 1,22 x 10^5 µm bzw. 2450 MHz).
6. Radarstrahlen (Millimeter- bzw. Dezimeterwellen) umfaßt den Wellenlängenbereich etwa zwischen λ = 0.3 x 10^5 bis 2,4 x 10^6 µm, liegt also etwa im oberen Teil des Mikrowellenbereiches.
7. Mobilfunknetze liegen etwa zwischen λ = 1,5 x 10^5 µm (2000 MHz) und 3,4 x 10^5 µm (890 MHz): UMTS 1,50 x 10^5 µm (2000 MHz); DECT-Telefon 1,58 x 10^5 µm (1900 MHz); E-Netz bei 1,67 x 10^5 µm (1800 MHz).

Dann kommen die allbekannten Radiowellen und der übliche Haushaltsstrom:

8. Radiowellen liegen zwischen λ = 10^6 und 10^7 µm (UKW), zwischen λ = 10^7 und 10^8 µm (Kurzwelle), zwischen λ = 10^8 und 10^9 µm (Mittelwelle) und zwischen λ = 10^9 und 10^{10} µm (Langwelle).
9. Der normale Wechselstrom im Haushalt (50 Hz) hat eine Wellenlänge λ von 6 x 10^{12} µm), der Bahnstrom (16 2/3 Hz) eine Wellenlänge λ von 1,8 x 10^{13} µm.

Auf der anderen Seite des Lichts jenseits von Violett sieht es wie folgt aus:

10. Ultraviolette Strahlung (λ < 0,38 µm) wird unterteilt in die Bereiche UV-A mit λ = 0,38 bis 0,315 µm (bewirkt die Bräunung der Haut), UV-B mit λ = 0,315 bis 0,28 µm (wichtig für die Vitamin D-Synthese) und UV-C mit λ = 0,28 µm bis 0,10 (wird weitgehend in der Atmosphäre absorbiert).

Die sehr energiereichen, superkurzwelligen und gesundheitsgefährdenden Strahlen sind dann:

11. Röntgenstrahlen (λ < 0,01 µm) umfaßt etwa den Bereich λ = 10^{-2} bis 10^{-6} µm.
12. Radioaktive Strahlung sind α-Strahlung, β-Strahlung und γ-Strahlung (λ = 4 x 10^{-4} µm bis 10^{-7} µm).
13. Höhenstrahlung reicht etwa von λ = 10^{-7} bis 10^{-14} µm.

Die für den Menschen eventuell gefahrbringenden Strahlungen werden technisch erzeugt (wie z. B. Radarstrahlen und Mobilfunk oder auf der anderen Seite des Lichtes die Röntgenstrahlen) und unterliegen deshalb definierten Auflagen, die sich allerdings den Erfordernissen der Wirtschaft stets anzupassen pflegen.

Die natürliche Energiestrahlung, hervorgerufen lediglich durch eine temperierte Fläche, ist dagegen völlig ungefährlich. Institute, die sich mit Strahlenexpositionen befassen, arbeiten in Wellenlängenbereichen, die außerhalb der für Strahlungsheizungen in Frage kommenden Wellenlängen liegen. Es wäre auch eigenartig, wenn unterschiedlich temperierte Flächen auf der Erde wie heißer Sand, kalte Gletscher, erwärmte Erdoberflächen oder erwärmte Wände als "ungesund" eingestuft werden würden. Es besteht überhaupt keine Veranlassung, die elektromagnetische Abstrahlung normal temperierter Flächen in der sehr schmalen Bandbreite von ca. 3 bis 50 µm für gesundheitlich abträglich und gefährlich zu halten; es gibt für die normale Wärme- oder Energiestrahlung keine negativen Erfahrungen. Es ist jedenfalls nicht bekannt, daß die Jahrhunderte lange Verwendung z. B. von Kachelöfen je zu Gesundheitsschäden führte. Und der Gebrauch der Steckdose als Energielieferant für temperierte Flächen kann nicht zum Anlaß genommen werden, hier Gefahrenpotentiale durch elektrische Felder zu vermuten, denn dann müßte der allgemeine Gebrauch aller elektrischen Geräte im Haushalt mit der üblichen Frequenz von 50 Hz generell auf den Prüfstand.

Das gesamte elektromagnetische Spektrum der Hertzschen Transversalwellen von der kosmischen Höhenstrahlung als ultrakurzwellige Strahlen bis zum Bahnstrom zeigt das Bild 2.

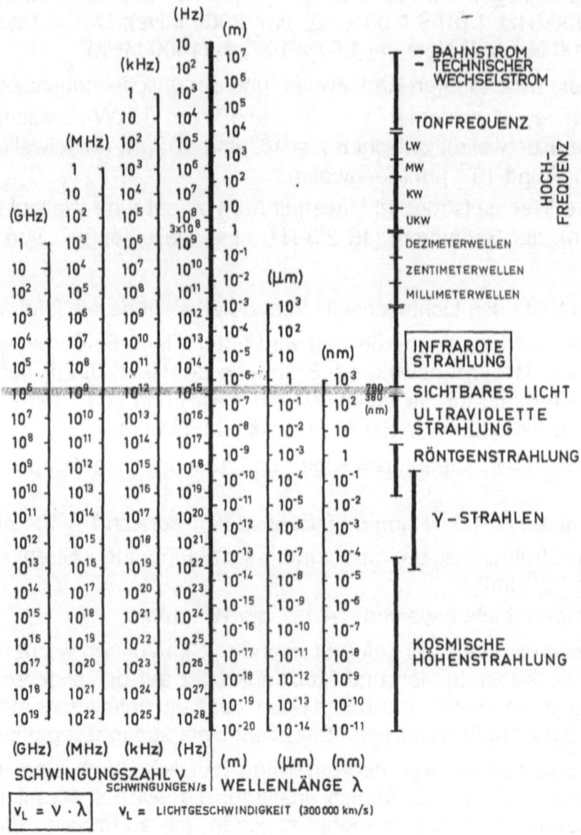

Bild 2: Elektromagnetisches Spektrum.

Die Frage nach der „Gefährlichkeit" einer Strahlungsheizung ist zwar heutzutage bei den vielen inszenierten Horrorvisionen über Strahlenbelastungen verständlich, jedoch in Bezug auf die Strahlungsheizung als temperierte Fläche abwegig und völlig unbegründet.

Solarenergie muß ernst genommen werden. Immerhin wird diese Energie mit Lichtgeschwindigkeit durch einen luftleeren Raum von etwa -270 °C über eine Entfernung von 150 Millionen Kilometer von der Sonne zur Erde in ca. 8,3 Minuten transportiert. Solarstrahlung erwärmt keine Luft, also auch nicht die Atmosphäre der Erde (abgesehen bei den Absorptionslinien von Gasen), sondern nur die Erdoberfläche mit ihren Land- und Wassermassen. Zum Energietransport benötigt Strahlung also kein besonderes Transportmedium. Diese tägliche Erfahrung kennt ein jeder und es dürfte deshalb nur eine Frage der Zeit sein, inwieweit dieses Wissen endlich auf die strahlungsintensive Heiztechnik übertragen wird. Abblocken gilt hier nicht, denn dieses technisch-physikalische Phänomen muß nun endlich auch von der Heizungsbranche entsprechend anerkannt und gewürdigt werden. Die technologischen Möglichkeiten sollten endlich genutzt werden.

Die Sonnenstrahlung liefert ein wichtiges Beispiel für Absorptions- und Streuungsvorgänge in der Atmosphäre. Die spektrale Intensitätsverteilung der Solarstrahlung infolge der „Störungen" zeigt das Bild 3 mit den Einbußen der Strahlungsdichte durch auftretende Verluste. Im ultravioletten Bereich ist es das Ozon O_3. Im Infrarotbereich erfolgt die größte Einbuße durch Wasserdampf (H_2O); die Einbuße durch CO_2 jedoch liegt nach [Glück 82] im schmalen Wellenlängenbereich von ca. 2,4 bis 3,0 µm.

Da weitere Absorptionslinien für CO_2 nur noch etwa bei den Wellenlängen 4,0 bis 4,8 µm und 12,5 bis 16,5 µm liegen [Glück 82], bedeutet dies bei der terrestrischen Abstrahlung langwelliger Energiestrahlung (etwa 3,5 bis 45 µm) bis auf diese eben genannten zwei Banden-Bereiche ein „offenes Fenster" in den Weltraum.

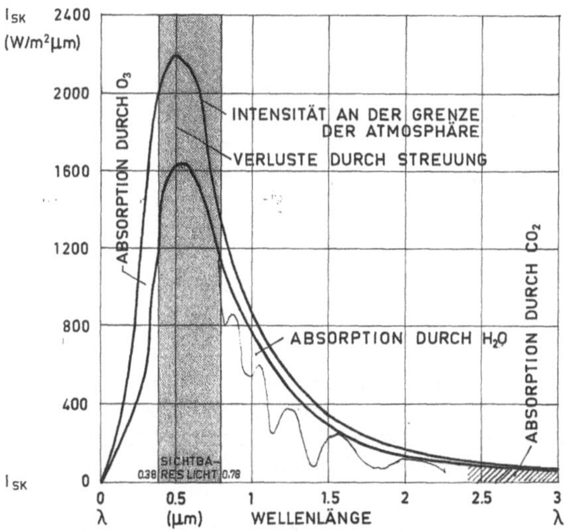

Bild 3: Spektrale Intensitätsverteilung der Solarstrahlung und Verluste durch Gase [Recknagel 88]

Einen „Treibhauseffekt" durch CO_2 durch Rückstrahlung gibt es also nicht. Diese Aussage ist deshalb eine ausgesprochene Zweckbehauptung, erdacht und in die Welt gesetzt von Atomlobbyisten, die die Atomkraft nach den Debakeln von Tschernobyl und Harrisburg wieder reaktivieren wollen [Meier 07]. Die Fraunhoferschen Absorptionslinien belegen dies unmißverständlich und eindeutig. Physikalisch ist daran nichts zu deuteln. Dies kann in der Literatur auch nachgelesen werden.

Dazu sagt **Thüne**: *„Das gesamte Abstrahlungsspektrum der Erde ist breiter und reicht von etwa 5 bis 60 µm* (3,5 bis 45 µm). *Diesen breiten Wärmestrom kann ein Gas wie das Kohlendioxid mit seinen Absorptionslinien bei 15 Mikrometern weder verhindern noch stoppen. Dies ist physikalisch unmöglich und einleuchtend"* [Thüne 02].

Auch in [Raiß 58] steht:

„Elementare Gase sowie trockene Luft sind für Wärmestrahlen praktisch voll durchlässig (diatherm); eine Ausnahme machen einige mehratomige Gase, u. a. H_2O, CO_2, CO, SO_2, die in einzelnen Wellenlängenbereichen absorbieren und emittieren."

In [Cziesielski 85] ist ebenfalls zu lesen:

„Wichtig ist, daß Gase wie O_2, N_2, H_2, trockene Luft und die Edelgase praktisch diatherm (Wärmestrahlen durchlassend) sind. Dies kann man mit einigen Ausnahmen auch so zusammenfassen, daß alle zweiatomigen Gase nicht strahlen".

3.3 Wohnbehaglichkeit

Die Aufgabe von Heizung besteht einzig und allein darin, die Behaglichkeit eines Raumes zu gewährleisten. Für dieses wohnklimatische Kriterium ist die „gefühlte" Temperatur maßgebend. Hierfür sind vor allem die Raumlufttemperatur und die Oberflächentemperaturen der umschließenden Flächen zu beachten, wobei grob von der Mitteltemperatur beider Temperaturen ausgegangen werden kann. Dieses Zusammenspiel beider Kriterien zeigt das Bild 4.

Was ist dem Behaglichkeitsprofil zu entnehmen?

Um ein behagliches Wohnklima zu schaffen, benötigt eine Raumlufttemperatur von z. B. 20 °C eine Oberflächentemperatur von ca. 16 °C. Dies wäre der üblich anzunehmende Zustand bei einer Konvektionsheizung.

Als behaglich wird aber auch eine Wandtemperatur von z. B. 22 °C und eine Raumlufttemperatur von ca. 15 °C empfunden. Eine derartige unübliche Konstellation aber kann nur eine Strahlungsheizung bieten. Außerdem ergeben sich bei der Lüftungswärme dadurch enorme energetische Vorteile gegenüber einer üblichen Konvektionsheizung.

Eine Temperatur von 20 °C sowohl für die Raumluft als auch für die Oberflächentemperatur wird nach Bild 4 schon als zu warm empfunden.

Die Umkehrung der beiden Temperaturen ist nur möglich, da Luft für Strahlung diatherm ist, das heißt, Luft läßt Energiestrahlen, oder populärer ausgedrückt Wärmestrahlen, durch, ohne selbst erwärmt zu werden.

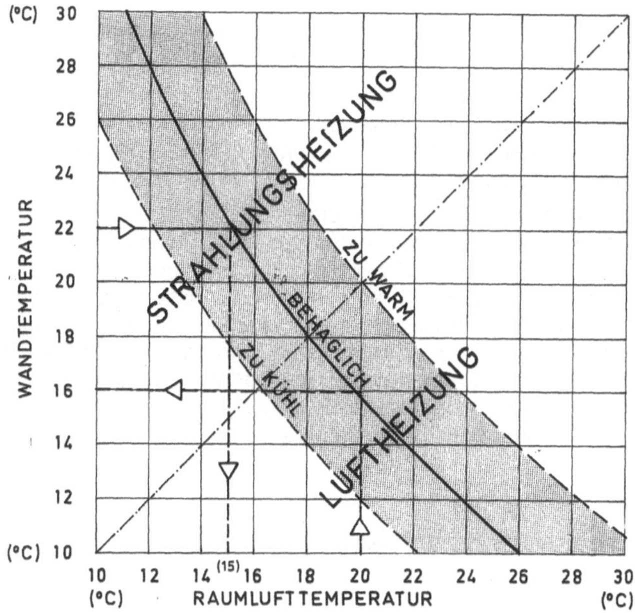

Bild 4: Behaglichkeitsprofil nach Bedford und Liese [Reeker 94]

Insofern ist bei der Bewertung dieser zwei Heizarten grundsätzlich zu unterscheiden: Bei einer Konvektionsheizung ist die Raumlufttemperatur höher als die Oberflächentemperatur, da erst die erzeugte warme Luft die umschließenden Oberflächen erwärmen soll (Luftheizung). Bei einer Strahlungsheizung dagegen ist es genau umgekehrt. Erst die durch Strahlung direkt erwärmte Oberfläche im Raum kann im Nachhinein die unmittelbar anliegenden Raumluftschichten erwärmen. Insofern ist die Raumlufttemperatur hier niedriger als die Oberflächentemperaturen – es gibt kein Kondensat und damit auch keinen Schimmel.

Trotz der physiologischen und energetischen Vorteile einer Strahlungsheizung werden meist Konvektionsheizungen eingebaut, die zur Verteilung der Wärme die Luft als Transportmedium benutzen müssen. Diese Luftheizerei wird nun als ein großer technischer Fortschritt bezeichnet und von der Heizungsbranche intensiv gefördert, weiterentwickelt – und natürlich auch eingebaut. Dieser Trend muß kritisch gesehen werden, denn die Luftheizungen (Konvektionsheizungen) haben wesentliche Nachteile.

- Da die warme Luft die Aufgabe hat, die Umfassungsflächen eines Raumes zu erwärmen, muß natürlich gewährleistet sein, daß die warme Luft strömungstechnisch auch überall hingelangen kann. In Ecken und hinter Schränken jedoch ist dies nicht möglich. Es liegt damit eine Wärmeunterversorgung vor, die zum Absinken der Oberflächentemperatur führt. Dieser thermische Vorgang aber wird dann in Verkennung der eigentlichen Ursachen den „Wärmebrücken" angelastet und damit dann gleichzeitig die Beseitigung der vermeintlichen Wärmebrücke, z. B. durch ein Wärmedämmverbundsystem, gefordert – welch ein unsinniges Vorgehen.

- Zum anderen werden durch eine Konvektionsheizung erst die Voraussetzungen geschaffen, Schimmelpilz überhaupt entstehen zu lassen, denn eine warme Luft kann nur an kälteren Flächen kondensieren, nie umgekehrt. Nur dadurch wird Schimmelpilz erst ermöglicht.

Wird das Behaglichkeitsprofil nach Bedford und Liese als Entscheidungsgrundlage genommen, dann sind neben den Konvektionsheizungen grundsätzlich auch die Strahlungsheizungen zu nennen. Die physikalischen Grundlagen beider Heizsysteme sind grundverschieden. Während bei der Konvektionsheizung (Luftheizung) zum Wärmetransport die Wärmeströmung von warmer Luft wirksam wird (Thermodynamik), vollzieht sich bei einer Strahlungsheizung der Wärmetransport durch Energiestrahlung in Energiequanten ohne Transportmedium (Quantenmechanik). Energiestrahlung ist insofern physikalisch etwas ganz anderes und hat für den Kunden viele Vorteile. Immerhin ist uns ja die Wohltat der Sonnenstrahlen recht geläufig.

3.4 Die Branche ist verunsichert

Seit auf Anregung von **Eisenschink** [Eisenschink 81] in [Meier 95], dann aber auch später in [Meier 99, 01, 04a, 06, 07, 07a, 07b und 08, 08a], das Thema Strahlung theoretisch durchleuchtet und behandelt wurde, ist die Heizungsbranche in Aufregung – und verunsichert. Es wird über Strahlung viel disputiert und gehadert, Meinungen prallen hart aufeinander. Hier sei auf die Abschnitte 3.10 „Wütende Proteste“, 4.8 „Vertraute Querschüsse“ und 6.5 „Fehlerhafte Äußerungen zur Strahlung“ hingewiesen. Dabei gilt es doch nur, unbestreitbares Wissen, das der Fachliteratur entnommen werden kann, zu systematisieren, zu analysieren und zur Anwendung gelangen zu lassen. Bei dieser technischen Auseinandersetzung zur Klärung der Sachverhalte müssen natürlich auch die Denkfehler und Irrtümer der offiziell angewandten Strahlungstechnik in Theorie und Praxis offengelegt werden. Richtig bauen und richtig handeln bedeutet eigentlich nur, Falsches zu erkennen und damit Fehlerhaftes zu vermeiden. So einfach ist das, doch ist dies leichter gesagt als getan. Hierfür bedarf es Wissen, das ja vorhanden ist, doch offensichtlich durch Meinungskampagnen systematisch verschüttet wird. Aber auch hierfür gibt es bewährte Auswege.

Anmerkender Einschub:

a) Bei [Meier 95] handelte es sich um ein zweibändiges Werk, das jährlich mit Ergänzungslieferungen aufgestockt wurde. Die sechste Ergänzungslieferung vom Januar 1998 umfaßte als 13. Kapitel die „Humane Heiztechnik“ mit insgesamt 118 Seiten. Die dort behandelte Problematik der Strahlungsphysik entsprach im wesentlichen den hier gemachten Aussagen, ging in Einzelbereichen aber sogar noch weit darüber hinaus.

Mit dem Absenden der vereinbarten siebenten Ergänzungslieferung Ende Mai 1998 erfolgte dann jedoch gleichzeitig die per Einschreiben ausgesprochene Vertragskündigung durch den Verlag mit der Maßgabe, ab sofort das gesamte Werk nun auch nicht mehr ausliefern zu können. Ab diesem Zeitpunkt waren dann auch keine Restexemplare mehr zu bekommen. Das Werk verschwand am Markt, die Autorentätigkeit fand damit ein überraschendes und schnelles Ende. Die Zensur hatte wieder einmal ganze Arbeit geleistet – wohlgemerkt eine stets wirksame „demokratische" Zensur.

b) Die Veröffentlichung „Die Behaglichkeits-Maxime. Strahlungsheizung als Alternative zur Konvektionsheizung" [Meier 04a] behandelte die Energieleistung einer Strahlungsheizung. Auch dort wurden all die Fehler, Irrtümer und fehlerhaften Schlußfolgerungen der Heizungsbranche aufgezeigt.

Bei der sachlich-technischen Auseinandersetzung in Form von Leserbriefen machte die Gegenseite einen recht unwissenden und demzufolge notgedrungen arroganten und überheblichen Eindruck. Ihre Argumente waren einfach absurd und lächerlich – und, was dann auch nicht ausbleibt, äußerst beleidigend.

Als Konsequenz dieses Disputs teilte mir die Redaktion eines Tages mit, daß ihr ein „Redaktionsbeirat" vorgeschaltet wurde, der „Hilfestellung" bei der Auswahl der Fach-Beiträge zu leisten bereit war mit der Maßgabe, Beiträge von mir (und auch vom Architekten Fischer aus Hochstadt) nicht mehr zulassen zu können. Die höchst aktive Zensurbehörde (u. a. auch von der dena – Deutsche Energieagentur) ist wiederum sehr erfolgreich gewesen. Vom produzierten Mainstream abweichende Äußerungen werden in unserer „gelebten Demokratie" trotz Art. 5 Grundgesetz (Meinungsfreiheit) brutal unterbunden.

Das Netzwerk der Wirtschaft mit ihren finanziellen Druckmitteln drangsaliert nach wie vor die Medien, wenn es darum geht, technische Aufklärung, die den Interessen der Wirtschaft zuwiderlaufen, zu verhindern. Besonders fragwürdig wird hierbei auch das Wirken einer recht dubiosen Administration in Verbindung mit einer äußerst willfährigen Wissenschaft.

Der § 5 (3) Grundgesetz „Kunst und Wissenschaft, Forschung und Lehre sind frei" wird damit zur Makulatur degradiert [Steinbuch 85]. Eine alternative Interpretation zur „freien Lehre" wäre allerdings die heutzutage durchaus zutreffende Aussage, daß in unserer globalisierten Welt mit dem Wort „frei" ja doch „vogelfrei" gemeint sei – in der Wissenschaft könne man alles freiweg behaupten, ohne dafür je zur Verantwortung gezogen zu werden. Ein Eldorado für außerdem noch gut bezahlte Scharlatane eröffnet sich hier scheunentorweit.

Fazit:

Strahlenwärme ist eine zukunftsfähige und zukunftsträchtige Heiztechnik und für Gebäude das Heizmittel der Zukunft. Leider wird dies von einer wohl mehr gewinnsüchtigen Heizindustrie entweder nicht erkannt, nicht wahrgenommen oder sogar aus Konkurrenzgründen systematisch im Bewußtsein verdrängt und ignoriert. Es wird sogar rigoros und brutal mit allen zulässigen und unzulässigen Mitteln versucht, diese unliebsame Konkurrenz zu beseitigen, denn immerhin werden damit auch sehr lukrative Wirtschaftsinteressen tangiert, wenn Luftheizerei verschwinden sollte. In einem solchen Falle pflegt man äußerst allergisch zu reagieren.

3.5 So funktioniert Strahlenwärme

Strahlung bedeutet eine elektromagnetische Welle. Diese wird bei Materie infolge der Wechselwirkung mit deren atomaren Bausteinen mehr oder weniger stark absorbiert bzw. gestreut. Die Energiezunahme, die ein Körper erfährt, wenn er Strahlung absorbiert, bewirkt eine Erhöhung seiner Temperatur. Damit erhöht sich aber auch seine Ausstrahlung an die Umgebung. Die aufgenommene Energie wird neben der Rückstrahlung aber auch als Wärme im Körper, als ungeordnete Molekularbewegung, weitergeleitet. Emission (Ausstrahlung), Absorption (Aufnahme) sowie die Reflektion (Rückwurf) von Energiestrahlen sind Eigenschaften der Oberflächentemperatur und der Struktur des Materials.

Zu beachten sind hierbei verschiedene Wellenlängen:
Die kurzwellige Solarstrahlung (etwa λ = 0,2 bis 7 μm) mit den hohen Temperaturen, die langwellige terrestrische Strahlung (etwa λ = 3,5 bis 45 μm) sowie die ebenfalls langwellige Wärmestrahlung – oder besser Energiestrahlung – von Heiz- und Raumflächen bzw. einer Heizanlage (ca. 3 bis 50 µm) mit den niedrigen Temperaturen werden also absorbiert und – nach Kirchhoff – dann auch wieder emittiert. Emission und Absorption sind also gleich groß.

Um die Jahrhundertwende führte **Albert Einstein** das Photon in die Physik ein. Die Energiepakete der elektromagnetischen Strahlung werden als Quanten oder Photonen bezeichnet.

Die Einsteinsche Formel $E = m \cdot c^2$ ist ja allgemein bekannt.

Die theoretischen Modelle zum Mechanismus der Energiestrahlung waren es nun, die **Max Planck** zu der fundamentalen Erkenntnis der Quantelung der Energie führten. Damit wurde die Quantentheorie begründet, die aussagt, daß die Strahlungsenergie nur als ein Vielfaches einer kleinsten Energiemenge auftreten kann. Die Energie ist somit aus Energiequanten aufgebaut wie die Materie aus kleinsten Teilchen, den Atomen.

Bei einer elektromagnetischen Welle, wie sie bei einer Strahlungsheizung auftritt, gelten deshalb ausschließlich die Gesetze der Quantenmechanik. Allein die hier wirksamen Photonen, deren Teilchen die Ruhemasse Null haben und somit immer mit Lichtgeschwindigkeit fliegen, erklären die hohe Leistungsfähigkeit einer Strahlungsheizung. Dies zeigt schon sehr deutlich, daß die Strahlung (Quantenmechanik) und die übliche Konvektions- oder Luftheizung (klassische Wärmelehre – Thermodynamik) physikalisch gesehen wirklich nichts Gemeinsames haben.

Zur Erläuterung und Funktionsweise der Photonen ist zu sagen:
Elektronenbahnen entsprechen ganz bestimmten Energiezuständen der Elektronen. Wenn beim Atommodell ein Elektron von einem energiereicheren Zustand E_2 in einen energieärmeren Zustand E_1 seine Bahn von außen nach innen wechselt, dann wird die Energiedifferenz $E_2 - E_1$ als elektromagnetische Strahlung, eben als Photon, emittiert [Lüscher 87], [Tipler 94]. Dies zeigt das Bild 5:

Diese emittierte Strahlungsenergie kann Licht sein, aber auch Röntgenstrahlung oder Infrarotstrahlen – je nach Größe der Energiedifferenz $E_2 - E_1$.

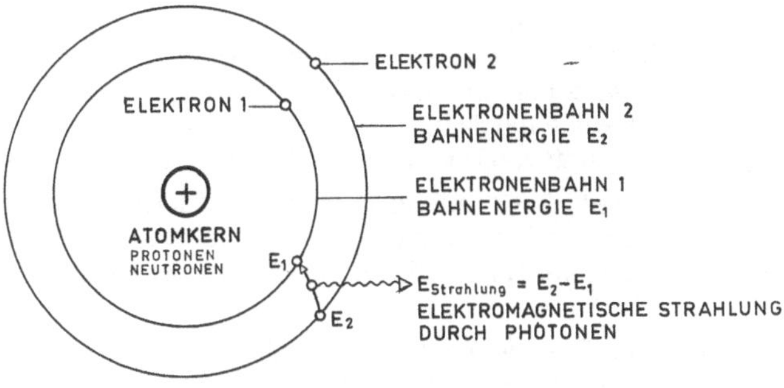

Bild. 5 Elektronenbahnen und die emittierte elektromagnetische Strahlung [Lüscher 87]

Diese Differenz wird wie folgt quantifiziert [Lüscher 87]:

(1) $E_2 - E_1 = h \cdot \nu$ es ist aber auch

(2) $m \cdot c^2 = h \cdot \nu$

E_2 Bahnenergie der Elektronenbahn 2

E_1 Bahnenergie der Elektronenbahn 1

h = Plancksches Wirkungsquantum ($6{,}626 \times 10^{-34}$ Js)

ν = Frequenz der emittierten Strahlung (Schwingungen/s)

m = Masse des Elektrons ($9{,}109 \times 10^{-31}$ kg)

c = Lichtgeschwindigkeit (300 000 km/s)

Daraus wird ersichtlich, daß die emittierte Strahlung, das Photon, der bekannten Einsteinschen Formel $m \cdot c^2$ folgt und, da das Plancksche Wirkungsquantum eine Konstante ist, allein von der Frequenz der Strahlung abhängt. Je größer die Frequenz, desto größer ist die Strahlungsenergie. Oder auch: Je größer die Wellenlänge, desto kleiner ist die Strahlungsenergie. Wird Strahlungsenergie aufgenommen, so handelt es sich um Strahlungsabsorption. Es wird deutlich, daß Strahlung nun wirklich nicht mit der klassischen Wärmelehre vergleichbar ist.

Nach dem zweiten Bohrschen Postulat ist die Frequenz ν des emittierten Photons allein durch die strikte Forderung nach Energieerhaltung bestimmt. [Tipler 94]. Insofern wird auch bei der Quantenphysik und damit bei einer Strahlungsheizung der Energieerhaltungssatz gewahrt. „Energieerhaltung" muß also weiter gefaßt werden und kann nicht nur auf die Newtonsche Physik der klassischen Wärmelehre beschränkt bleiben. Der 1. Hauptsatz der Thermodynamik muß bei der Strahlungsheizung somit die atomistischen Regeln der Quantenphysik mit einbeziehen, das energetische System muß auch das Atom mit beinhalten.

Wichtig ist die grundlegende und fundamentale physikalische Erkenntnis:

„Ohne Photon wäre Leben auf der Erde nicht möglich."

Fast der gesamte Energiebedarf der Erde wird von der Sonne durch die Photonen übertragen. Das geht sogar so weit, daß lebende Zellen Licht in Quantenform aussenden, um notwendige Informationen zu senden. Dieses Licht in unseren

Körperzellen scheint einer Art Funkverkehr zu dienen, dessen Signale mit weit größerer Geschwindigkeit und Effizienz diese Informationen im Organismus von Pflanze, Tier und Mensch weitergeben und biologische Prozesse steuern können, als dies über biochemische Kanäle möglich ist. Quantenphysik ist also auch hier wirksam und man spricht dann statt von Photonen von Biophotonen [Bischof 08].

Eine Strahlungsheizung basiert somit auf folgenden physikalisch unstrittigen quantenmechanischen Grundlagen, die unbedingt beachtet werden müssen, wenn Strahlung fach- und sachgerecht beurteilt und gewürdigt werden soll:

1.

Wärmestrahlung oder besser Energiestrahlung als Infrarot-Strahler, eben als Temperaturstrahler, ist eine elektromagnetische Welle, wie das Licht, der Strom, die Radiowellen, die Mikrowelle, die Radar- und Röntgenstrahlen.

2.

Die Wellenlängen für Heizzwecke (minimal 0,8 bis ca. 50 µm) sind strahlungstechnisch jedoch völlig gefahrlos. Es wäre auch eigenartig, wenn über Jahrtausende hinweg die Sonnenstrahlen, aber auch die terrestrische Strahlung für die Menschen gesundheitsschädlich sein würden.

3.

Die Strahlungsleistung gehorcht dem Stefan-Boltzmannschen Gesetz, das heißt, sie ist proportional zur vierten Potenz der absoluten Temperatur. Eine Konvektionsheizung dagegen braucht "Übertemperaturen", also eine Temperaturdifferenz zwischen Heizkörper und Luft, um funktionieren zu können. Dies ist bei einer Strahlungsheizung nicht erforderlich und wäre sogar ein physikalischer Fauxpas.

4.

Eine Energiestrahlung erwärmt keine Luft, sondern nur feste und flüssige Körper. Die Raumluft ist Energiestrahlen durchlassend, also diatherm, und bleibt deswegen kühl und angenehm, man fühlt sich dabei wohl und behaglich. Eine Erwärmung angrenzender Luftschichten erfolgt somit erst aus „Zweithand" durch die wärmeren Oberflächen. Erst die Wand erwärmt die Luft. Bei einer Konvektionsheizung ist das genau umgekehrt – hier erwärmt die Luft die Wand.

5.

Da die Temperaturen der Raumumfassungsflächen deshalb höher sind als die Lufttemperatur, entsteht auch kein Schimmelpilz, denn Luft kondensiert nur bei einer Abkühlung. Die dadurch erfolgte Durchfeuchtung fördert den Schimmelpilz.

6.

Bei dem aus hygienischen Gründen notwendigen Luftaustausch wird infolge der niedrigen Lufttemperaturen Energie gespart. Es wird kühle Luft ausgetauscht.

7.

Infolge der ruhenden Luft erfolgt keine Staubaufwirbelung, so daß eine geringe Luftwechselrate ermöglicht wird. Auch dies spart wiederum Energie.

8.

Alle Oberflächentemperaturen im Raum gleichen sich infolge des Strahlungsaustausches an. Die höher temperierte Fläche gibt an die niedriger temperierte Fläche Energie durch Strahlung ab. Umgekehrt geschieht dasselbe, so daß die Größe des Strahlungsaustausches durch die Differenz beider Strahlungen bestimmt wird. Es entstehen dadurch gleich temperierte Umfassungsflächen einschließlich der Möbel, so daß ein gleichmäßiges Strahlungsklima entsteht.

9.

Eine elektromagnetische Strahlung mit einer Wellenlänge kleiner als 0,3 µm sowie größer als 2,7 µm durchdringt kein normales Glas. Bei der Solarstrahlung sind das die UV-Anteile, die ein „Bräunen hinter Glas“ verhindern. Bei der Strahlungsheizung verbleibt die Energiestrahlung dadurch im Raum, da die entsprechenden Wellenlängen größer als 3 µm sind (Treibhauseffekt).

Die spektrale Durchlässigkeit bzw. Undurchlässigkeit von Fensterglas für eine elektromagnetische Strahlung zeigt Bild 6.

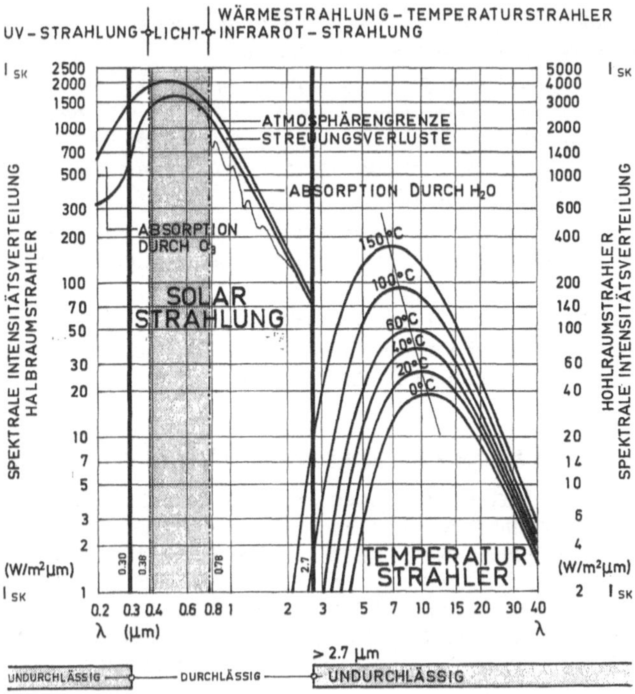

Bild. 6: Spektralverhalten von Fensterglas bei einer elektromagnetischen Strahlung

Wird also eine Strahlungsheizung gewählt, so wird normales Fensterglas von der Energiestrahlung nicht durchdrungen. Dies erzeugt damit einen „Treibhauseffekt“. Dadurch werden sogenannte Wärmeschutzgläser mit kleinen U-Werten überflüssig. Auch hier wird wie bei der Transmissionswärme das absurde „U-Wert-Denken“ ad absurdum geführt. Die ganze in Fachorganen aufgebauschte Hysterie über die „Wärmeverlustflächen der Fenster“ wäre völlig unnötig, wenn

- physikalische Kenntnisse über Strahlung vorlägen,
- man nicht die Strahlungsheizung (Kachelofen) durch die Konvektionsheizung (normale Zentralheizung) ersetzt hätte und
- man gewillt wäre, aus Gründen der Erkenntnisbereicherung dazu zu lernen.

Als Quintessenz kann festgestellt werden:
Diese physikalischen Vorzüge erzwingen geradezu die Wahl einer Strahlungsheizung. Das bisherige Ziel der Heiztechnik, mit einer Konvektionsheizung Raumlufttemperaturen zu gewährleisten, muß aufgegeben werden zugunsten der Aufgabe, aus grundsätzlichen physiologischen, ökologischen und ökonomischen Erwägungen heraus mit einer Strahlungsheizung temperierte Raumumfassungsflächen zu erzielen. Es wäre deshalb geradezu unklug, sich auf die üblich gewordenen Konvektionsheizungen zu konzentrieren, denn damit wird eine widersinnige, energieaufwendige und gesundheitsgefährdende Heiztechnik protegiert.

Diese allgemeinen Thesen über die Strahlung sind schon seit langem bekannt, denn immerhin ist auch in [Cziesielski 85] zu lesen:

„Der Wärmetransport durch Strahlung unterscheidet sich grundsätzlich von den Vorgängen der Wärmeübertragung durch Leitung oder Konvektion. Die Unterschiede bestehen darin, daß der Energietransport durch Strahlung an keinen stofflichen Träger gebunden ist und damit auch nicht vom Temperaturfeld des durchstrahlten Mediums abhängt“

und weiter *„Die Temperatur des Strahlers ist demnach die wesentliche Größe, die auf den abgegebenen Energiestrom bei der Wärmestrahlung Einfluß nimmt.“*

Deshalb gilt als einzige Konsequenz:
Die Heiztechnik muß durch eine Strahlungsheizung für temperierte Umfassungsflächen und damit für Wohnbehaglichkeit sorgen. Die Raumlufttemperaturen sind dann zweitrangig und laufen automatisch nebenher.

3.6 Die Plancksche Physik weist den Weg

Die von einer Oberfläche ausgehende Energiestrahlung, wie z. B. die von der Heizfläche einer Strahlplatte oder die von der Oberfläche eines Raumes, ist als Temperaturstrahler eine elektromagnetische Welle, gleich dem sichtbaren Licht, der Radiowelle, den Sonnenstrahlen. Folgende Zitate aus der Fachliteratur belegen, daß über die Strahlungsphysik Klarheit bestehen könnte, wenn von der Heizungsbranche eine Aufklärung wirklich gewünscht werden würde. Doch dies ist nicht der Fall, denn der Luftheizungsmarkt wird sorgsam behütet, leider.

In [Tipler, 94] wird gesagt:

„Experimentelle und theoretische Arbeiten zur spektralen Verteilung der Strahlung eines schwarzen Körpers waren bei der Entwicklung der modernen Physik von außerordentlicher Bedeutung. Es zeigte sich, daß die tatsächliche Wellenlängenabhängigkeit stark von derjenigen abwich, die mit den Gesetzen der klassischen Physik berechnet wurde. Die Erklärung dieser Diskrepanz führte ***Max Planck*** *1900 zur Hypothese von der Quantisierung der Energie.“*

Und weiter heißt es dort: *„Im Jahr 1900 gelang* ***Max Planck*** *die Herleitung einer Verteilungsfunktion, die mit den experimentellen Daten im gesamten Wellenbereich übereinstimmt. Dazu war allerdings eine merkwürdige Änderung in der klassischen Berechnung notwendig. Er fand die Lösung, als er sich entschloß, die Energie des schwarzen Körpers nicht als eine kontinuierliche Größe zu betrachten, sondern anzunehmen, daß sie in kleinen, diskreten Paketen, sog. Quanten,* *emittiert und absorbiert wird. Die Energie eines Quantums ist dabei eine Konstante, multipliziert mit der Frequenz der Strahlung."* Dies ist das Photon.

Über die Plancksche Konstante, auch als Planckscher Wirkungsquantum bezeichnet, heißt es dann: *„**Planck** konnte diese Konstante h nicht in die klassische Physik einpassen. Die fundamentale Bedeutung der Energiequantisierung erkannte man erst, als **Einstein** auf ihrer Grundlage den photoelektrischen Effekt erklärte. Bei seinen Überlegungen ging er über **Max Planck** hinaus und nahm an, daß die Energiequantisierung nicht bloß eine mathematische Hilfskonstruktion ist, sondern eine fundamentale Eigenschaft der elektromagnetischen Strahlung."*

In [Lüscher 87] ist außerdem zu lesen: *„Die theoretischen Modelle zum Mechanismus der Wärmestrahlung waren es, die **Max Planck** zu der fundamentalen Erkenntnis der Quantelung der Energie führten. Die Quanten der Strahlung werden Photonen genannt. Als Geburtstag der Quantentheorie gilt der 14. Dezember 1900. Gefühlsmäßig sträubte sich **Planck** sehr lange, die Idee einer kontinuierlich veränderlichen Energie aufzugeben. Gerade die Geschichte der Quantentheorie demonstriert eindrucksvoll, wie objektive Gründe, Sachzwänge den Weg der Forschung ohne Rücksicht auf subjektive Meinungen bestimmen. Jeder Naturwissenschaftler wird sich diesen Zwängen beugen."* Nur Scharlatane beugen sich diesen Zwängen nicht, sie beharren auf den einmal proklamierten Irrtümern.

Die Strahlungsgesetze lassen sich also nicht aus der klassischen Physik (Thermodynamik) herleiten, sondern erfordern die Annahme einer Absorption und Emission elektromagnetischer Strahlungsenergie durch den Schwarzen Strahler in Energiequanten. Diese Annahme gab ja den Anstoß zur Entwicklung der Quantentheorie. Es mußte damit von **Max Planck** ein radikaler Bruch mit den Vorstellungen der klassischen Wärmelehre vollzogen werden. Somit läßt sich Strahlung auch nicht mit den Mitteln der klassischen Wärmelehre, die mit Temperaturdifferenzen operiert (2. Hauptsatz der Thermodynamik), beschreiben. Dies aber wird in der Heizungstechnik praktiziert und irrtümlicherweise auf die Strahlungsheizung übertragen. Somit werden völlig irreguläre Ergebnisse erzielt.

Auch **Niels Bohr** hatte erkannt, daß die klassischen Auffassungen schlicht nicht in der Lage waren, in ausreichender Weise beispielsweise spezifische Wärmekapazitäten oder den Hochfrequenzanteil der Schwarzkörper-Strahlung oder die magnetischen Eigenschaften der Materie zu erklären [Holton 00].

All dies bedeutet aus physikalischer Sicht:
Energiestrahlung als elektromagnetische Welle kann mit den Regeln der klassischen kinetischen Wärmelehre nicht behandelt werden. Die Methoden der Thermodynamik, eben der klassischen Wärmelehre, können auf einen Temperaturstrahler nicht übertragen werden. Leider aber geschieht dies ständig.

Elektromagnetische Wellen wie das Licht oder auch die Energiestrahlung sind Transversalwellen. Diese können als unpolarisierte (die Schwingungen erfolgen in unendlich vielen Ebenen) oder als polarisierte Strahlung (die Schwingungen erfolgen in zwei Ebenen) auftreten. Grundsätzlich können bei entsprechenden Randbedingungen unpolarisierte Wellen polarisiert werden.

Es gibt vier Möglichkeiten, mit denen man aus einer unpolarisierten Strahlung eine polarisierte Strahlung erzeugen kann [Tipler 94]:

Absorption, Streuung, Reflektion und Doppelbrechung.

Als Streuung wird das Phänomen der Absorption und der Wiederabstrahlung bezeichnet. Bei der Strahlungsheizung in einem Innenraum kommen durch Absorption und Emission somit auch der Effekt der Streuung sowie die Reflektion zum Tragen. In einem Innenraum handelt es sich also um eine polarisierte Strahlung, wie sie analog der Experimente von **Max Planck** als „Hohlraumstrahlung" vorlag.

Auch steht in [Glück 82]: *„Durch besondere Reflektionen, Brechungen, Emissionen blanker Metallflächen u.a.m. können sich bevorzugte Schwingungsebenen ausbilden, das heißt, diese Strahlungen sind dann polarisiert."*

Und in [Lüscher 87] steht: *„Benutzt die elektromagnetische Welle die beiden Ebenen des elektrischen und des magnetischen Feldes, die zueinander senkrecht stehen, so handelt es sich um eine polarisierte elektromagnetische Welle."*

Es muß also konsequent unterschieden werden:

- polarisierte Strahlung: Diese liegt immer dann vor, wenn vielfältige Absorptionen, Streuungen und Reflektionen möglich sind.
- unpolarisierte Strahlung: Diese liegt vor, wenn die eben genannten Bedingungen nicht vorhanden sind wie z. B. die Strahlung einer Gebäudeaußenoberfläche in die Atmosphäre, in den Weltraum.

Bei einer Strahlungsheizung für einen Innenraum, darüber muß man sich im Klaren sein, kommen vielfache Absorptionen, Streuungen und Reflektionen immer vor. Insofern handelt es sich hierbei immer um eine polarisierte Strahlung.

Wie kam **Max Planck** zu seinem Strahlungsgesetz?

Für Strahlung sind ausschließlich quantenmechanische Überlegungen maßgebend. Die Strahlungsintensitäten des Planckschen Strahlungsgesetzes wurden meßtechnisch in einem kleinen zylindrischen Hohlraum gefunden. Durch vielfache Reflektion der Strahlung erhält man einen schwarzen Strahler, man spricht dann von einer Hohlraumstrahlung. Ein Zimmer mit seinen Umfassungsflächen kann nun durchaus mit einem Hohlraum verglichen werden (siehe Bild 7).

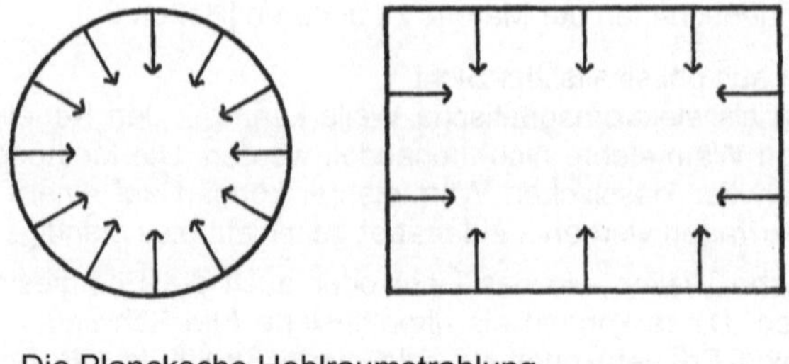

Bild 7 Die Plancksche Hohlraumstrahlung

Deshalb steht auch in [Tipler 94]: *„Die beste experimentelle Realisierung eines schwarzen Körpers besteht in einem erhitzten Hohlraum, der eine kleine Öffnung hat, durch die die Strahlung austreten kann. Im Inneren befindet sich die elektro-*

magnetische Strahlung mit den Wänden im thermischen Gleichgewicht. Die austretende Strahlung ist daher charakteristisch für die Temperatur des Hohlraums. Die Strahlung eines schwarzen Körpers nennt man deshalb auch Hohlraumstrahlung."

Die Hohlraumstrahlung nach den Experimenten von **Max Planck** ist infolge der vielfachen Absorptionen, Streuungen und Reflektionen eine polarisierte Welle. Das 1900 aufgestellte Plancksche Strahlungsgesetz liefert nun bei vorgegebener, überall gleicher Temperatur in einem Hohlraum exakt die Intensität der elektromagnetischen Strahlung eines schwarzen Körpers sowie die spektrale Zusammensetzung dieser Hohlraumstrahlung.

In [Gösele 85] steht deshalb auch:
„Der absolut schwarze Körper kann durch einen Hohlraum verwirklicht werden, der Wandungen gleicher Temperatur besitzt."

Eine „Hohlraumstrahlung" ist also überall dort wirksam, wo Strahlung von der Wandung in den Hohlraum strahlt, also zum Beispiel auch bei einem geschlossenen Zimmer von den Wänden in einen als geschlossenes System zu definierenden Raum. Daß es sich dabei um die Strahlung von Wänden unterschiedlicher Temperaturen handeln könnte, ändert nichts an der grundsätzlichen Definition des allseits umschlossenen Zimmers als Hohlraum. Diese Klärung wird bei der Behandlung der Leistung einer Strahlungsheizung im Raum wichtig.

Das Plancksche Strahlungsgesetz für die polarisierte Strahlung im Hohlraum (schwarzer Strahler) lautet nach [Meyers 70] (S. 1987) und [Meyers 71], (Band 18, 1978, S. 747):

(3) $$I_{SK} = \frac{2 \cdot c_1 / \lambda^5}{\exp(c_2 / \lambda \cdot T) - 1}$$ (W/m²µm) bzw. (W/cm³)

I_{SK} = spektrale Intensität des schwarzen Körpers (Strahlungsdichte)
c_1 = erste Plancksche Strahlungskonstante ($3{,}7415 \times 10^{-12}$ Wcm²)
λ = Wellenlänge (µm)
c_2 = zweite Plancksche Strahlungskonstante (1,4388 cm K)
T = absolute Oberflächentemperatur (K) absoluter Nullpunkt: - 273 °C

Der in der Formel (3) enthaltene Faktor 2 berücksichtigt nach [Meyers 70] die beiden Polarisationsmöglichkeiten einer polarisierten Strahlung.

Die Formel (3) ist in Bild 8 grafisch dargestellt. Für die dort gezeigten Maxima der Intensität gilt das von **Wilhelm Wien** 1893/94 formulierte Wiensche Verschiebungsgesetz:

(4) $\lambda_{max} \cdot T = \text{const.}$ (ca. 2896)

λ_{max} = Wellenlänge der maximalen Intensität (µm)
T = absolute Temperatur (K)

Die Wellenlängen der maximalen Intensität sind umso kleiner, je höher die Temperatur der Strahlfläche ist.

Die spektralen Intensitätsverteilungen für die in der Heiztechnik verwendeten niedrigen Temperaturen von 30 °C bis 60 °C, gleichbedeutend mit dem Wellenlängenbereich von etwa 3 bis ca. 50 µm, werden in Bild 8 grafisch dargestellt.

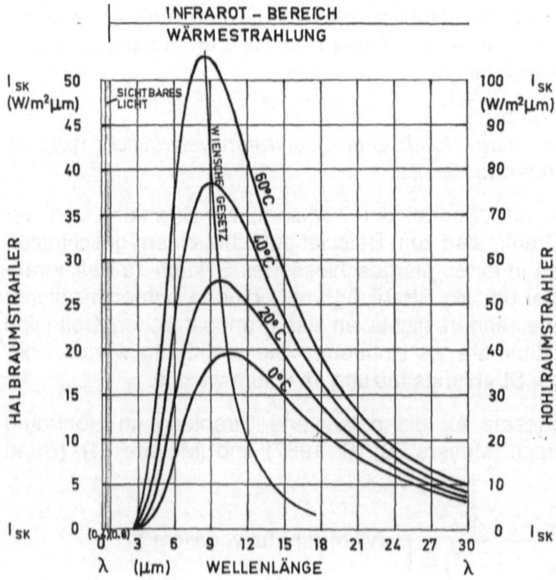

Bild. 8:

Das sichtbare Licht ist besonders markiert, liegt aber weit jenseits der wirksamen Energiestrahlung. Die Lage der größten Ordinaten folgt dem Wienschen Verschiebungsgesetz.

Allgemein gilt:
Die Wellenlängen aller relevanten Strahlungsheizungen liegen etwa zwischen 3 und 50 µm.

Bild 8: Spektrale Intensitätsverteilung des schwarzen Temperaturstrahlers

Für die Hohlraumstrahlung in einem Innenraum (polarisierte Strahlung) gilt die rechte Skala, für die halbierten Werte einer Halbraumstrahlung in die freie Landschaft (unpolarisierte Strahlung) gilt die linke Skala (siehe hierzu 4.1: „Branche halbiert die Strahlung").

Zur Chronologie der Strahlungsgesetze wäre zu sagen:

1879 Josef Stefan (1835-1893) entdeckt das „Stefan-Boltzmannsche Gesetz".
1884 Ludwig Boltzmann (1844-1906) liefert die theoretische Begründung.
1893 Wiensche Verschiebungsgesetz von Wilhelm Wien (1864-1928).
1896 Wiensche Strahlungsgesetz.
1900 Rayleigh-Jeanssche Gesetz (Rayleigh 1842-1919, Jeans 1877-1946).
1900 im Oktober formuliert Max Planck (1858-1947) sein Strahlungsgesetz; hierbei handelte es sich um die Interpolation zwischen dem Wienschen Strahlungsgesetz (nur für kleine Wellenlängen etwa unter 2 µm gültig)

und dem Raleigh-Jeansche Gesetz (nur für große Wellenlängen etwa über 8 µm gültig).

3.7 Naturgesetz nach Stefan-Boltzmann

Jede temperierte Fläche strahlt, deshalb wird auch vom „Temperaturstrahler“ gesprochen. Bei einer Strahlungsheizung handelt es sich insofern immer um temperierte strahlende Flächen. Luft spielt dabei bekannterweise keine Rolle.

Das durch **Josef Stefan** und **Ludwig Boltzmann** formulierte Naturgesetz besagt: Jeder Körper gibt elektromagnetische Strahlung ab, die sich proportional zur vierten Potenz der absoluten Temperatur verhält. Dies ist bedeutsam und sehr entscheidend. Maßgebend ist hier also die absolute Temperatur der strahlenden Fläche in Kelvin, also bei 30 °C dann 303 K, bei 45 °C dann 318 K. Demzufolge strahlt auch eine Fläche mit einer Temperatur von z. B. nur -20 °C, also 253 K. Nur eine Fläche mit der Temperatur des absoluten Nullpunkts von 0 K , somit also -273 °C, strahlt nicht. Dieser physikalische Tatbestand hat wichtige praktische Konsequenzen: Jede elektromagnetische Strahlung hat ein positives Vorzeichen, eine „Negativstrahlung“ gibt es nicht. Die Strahlungsleistungen von verschiedenen Strahlern müssen deshalb summiert werden.

Das Strahlungsgesetz von **Stefan** und **Boltzmann** aus dem Jahre 1879 für die Strahlungsleistung einer temperierten Fläche kann mit der Intensitätsverteilung nach **Max Planck** für eine Hohlraumstrahlung erläutert werden. Die Fläche unterhalb der Intensitätskurve in Bild 8 kennzeichnet je nach Temperatur der strahlenden Fläche diese Strahlungsleistung. Es handelt sich also um das Integral der entsprechenden Funktion für die spektrale Intensitätsverteilung nach Formel (3). Unter Beachtung des Faktors 2 für die polarisierte Hohlraumstrahlung eines schwarzen Strahlers gilt für die radiative Strahlungsleistung einer Strahlungsheizung im Innenraum die Formel (5).

$$q_{rs} = 2 \cdot \sigma \cdot T^4 \qquad (5) \qquad \text{(W/m²)}$$

Werden die Temperaturen statt in absoluter Größe T in Kelvin (K) nun in ϑ in °C angegeben, so wird:

$$q_{rs} = 2 \cdot C_S \cdot \left(\frac{273 + \vartheta}{100} \right)^4 \qquad (5a) \qquad \text{(W/m²)}$$

q_{rs}	=	radiative Strahlungsleistung des schwarzen Körpers (W/m²)	
σ	=	Stefan-Boltzmann Konstante	($5{,}67 \times 10^{-8}$ W/m²K⁴)
T	=	absolute Oberflächentemperatur (K)	(absoluter Nullpunkt: -273°C)
C_S	=	Strahlungszahl des schwarzen Strahlers	(C_S = 5,67 W/m²K⁴)
ϑ	=	Oberflächentemperatur (°C)	

Dieses Stefan-Boltzmannsche Strahlungsgesetz wird in Bild 9 jeweils für eine polarisierte Strahlung (Hohlraumstrahlung) und eine unpolarisierte Strahlung (Halbraumstrahlung) grafisch dargestellt.

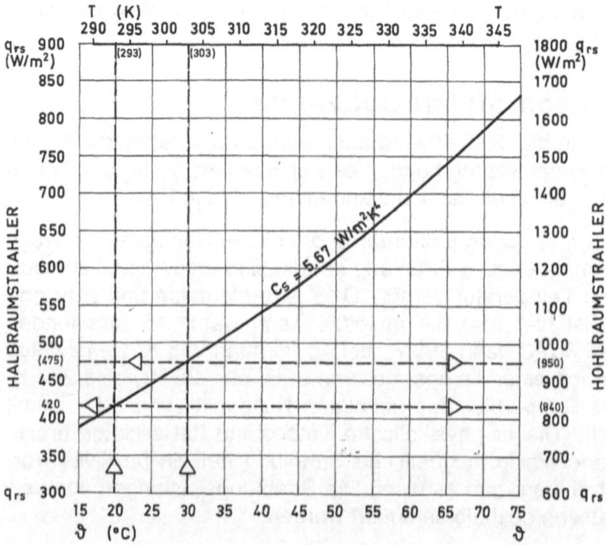

Bild 9: Ein Strahler von etwa 20 bis 30° C bzw. etwa 293 bis 303 K strahlt immerhin mit rund 840 bis 950 W/m² als polarisierte oder Hohlraumstrahlung. 420 bis 475 W/m² sind es dann bei einer unpolarisierten oder „Halbraumstrahlung".

Bild 9: Energiestrahlung des schwarzen Körpers

Diese enorm hohen Strahlungsleistungen einer Strahlungsheizung mit derart geringen Oberflächentemperaturen zu erzielen, bedeutet immerhin für manchen etablierten und „praxiserfahrenen Heizungsfachmann" eine kleine Überraschung.

Für eine Oberflächentemperatur ϑ (in °C) auf der unteren Skala oder T (K) auf der oberen Skala kann die sich daraus ergebende emittierte Strahlungsenergie in W/m² abgelesen werden. Hier gilt auch wiederum für die polarisierte Strahlung im Hohlraum die rechte Skala sowie für die halbierten Werte einer unpolarisierten und ständig propagierten „Halbraumstrahlung" dann die linke Skala.

Eine Strahlungsenergie von 840 bzw. 950 W/m² (oder Wh/m²h) für einen Hohlraumstrahler ist für eine Fläche mit derart geringer Oberflächentemperatur von 20 bzw. 30 °C schon recht respektabel. Diese günstigen Strahlungsleistungen werden erreicht, weil es sich hier um eine elektromagnetische Strahlung eines Schwarzen Körpers im Infrarotbereich handelt. Eine derart hohe Leistung hängt gemäß quantenmechanischer Regularien allein von der *absoluten* Oberflächentemperatur der strahlenden Fläche ab.

3.8 Der Emissionsgrad

Da das Sonnenlicht in erheblichem Maße aus kurzwelliger Strahlung besteht, spielt beim strahlenempfangenen Körper bezüglich der Absorption und Reflektion auch die Farbe eine Rolle. Bei langwelliger Energie- oder Wärmestrahlung dagegen liegt für übliche Baustoffe ein fast konstanter, farbunabhängiger Wert von etwa 0,91 bis 0,93 vor. Eine Heizanlage arbeitet im langwelligen Spektralbereich.

Ein schwarzer Körper absorbiert die gesamte auftreffende Strahlung, erwärmt sich und emittiert dann die sich daraus ergebende Strahlung. Ein grauer Körper dagegen absorbiert und emittiert in analoger Form nur einen Teil der auftreffenden Strahlung. Das Verhältnis der Strahlung eines grauen Körpers zur Strahlung des schwarzen Körpers (100 %) wird mit dem Emissionsgrad ε beschrieben. Dieser Emissionsgrad wird allerdings nur bei einer unpolarisierten Strahlung (Halbraumstrahlung) wirksam.

Nach dem Kirchhoffschen Gesetz ist der Emissionsgrad ε eines Strahlers gleich dem Absorptionsgrad a; dies gilt bei einer monochromatischen Strahlung für jede Temperatur und Wellenlänge. Flächen mit hoher Absorptionszahl strahlen also mehr als Flächen mit niedriger Absorptionszahl. Was eine Fläche nicht absorbiert, wird reflektiert.

Allerdings muß bei einer Hohlraumstrahlung, also einer polarisierten Strahlung, auch erwähnt werden, daß die nicht absorbierte, also reflektierte Strahlung im „geschlossenen System", und dazu gehört ein Zimmer oder ein geschlossener Raum, durch mehrfache Reflektion nicht verloren geht und demzufolge wiederum absorbiert werden kann, so daß am Ende die gesamte Strahlung absorbiert wird. Der Emissionsgrad ε liegt dann bei 1, wie bei den experimentellen Versuchen Max Plancks für einen Hohlraumstrahler, für einen Schwarzen Strahler.

Die formulierten Strahlungsgesetze gelten für den schwarzen Strahler, der die gesamte Strahlung absorbiert und auch emittiert. Beim Bauen werden Baustoffe und Materialien verwendet, die nur Anteile der Gesamtstrahlung absorbieren und emittieren, also Strahlung auch reflektieren; es handelt sich also um graue – und unpolarisierte Strahler.

Die Formel für den grauen Strahler lautet:

$$q_r = q_{rs} \cdot \varepsilon \qquad \text{(W/m}^2\text{)} \tag{6}$$

q_r = radiative Strahlungsleistung des grauen Strahlers (W/m²)
q_{rs} = radiative Strahlungsleistung des schwarzen Strahlers (W/m²)
ε = Emissionsgrad (-)

Trotz der Einschränkung, bei einer Hohlraumstrahlung mit einem Emissionsgrad von $\varepsilon = 1$ rechnen zu können, sollen für eine langwellige, unpolarisierte Strahlung entsprechende Emissionsgrade aufgelistet werden. Die zusammengestellten Emissionsgrade ε bzw. Strahlungszahlen C des Grauen Körpers sind in der Tabelle 1 enthalten und stammen aus [Cords-Parchim 53], [Recknagel 88], [Lutz 94] und [Bogoslovskij 82], z.T. ergänzt.

Tabelle 1: Emissionsgrade ε und Strahlungszahl C sowie das Absorptionsverhältnis a_s der Solarstrahlung von verschiedenen Oberflächen

Material und Oberflächen	0-100°C ε (=a)	Strahlungszahl C (W/m²K⁴)	5400°C a_s
Absolut schwarzer Körper	1,00	C_s = 5,67	
Baustoffe			
Beton, glatte Oberfläche	0,62	3,52	0,54-0,65
Beton	0,93	5,27	
Dachpappe	0,93	5,27	
Dachpappe, schwarz	0,91	5,16	0,86-0,88
Gips	0,92-0,95	5,20 - 5,40	
Glas	0,88	4,99	
Fensterglas, 4,5 mm	0,94	5,33	0,04
Granit, grau, poliert	0,42	2,38	0,80
Holz, nicht gestrichen	0,7-0,9	3,97-5,10	0,59
Holz	0,92-0,95	5,20 - 5,40	
Holz	0,91	5,16	
Kachel, weiß	0,88	5,00	
Kalkstein, hell, geschliffen	0,40	2,27	0,35
Kalkstein, dunkel, geschliffen	0,40	2,27	0,50
Linoleum	0,88	4,99	
Marmor, grau, geschliffen	0,93	5,27	0,30
Marmor, dunkel, geschliffen	0,93	5,27	0,65
Mörtel und Putz	0,93	5,27	
Putz, hell	0,91	5,16	0,42
Putz, dunkel	0,94	5,33	0,73
Sandstein gelbbraun geschliffen			0,54
Sandstein hell			0,62
Sandstein rot	0,57	3,23	0,73
Ziegel	0,93	5,27	
Ziegelstein, rot	0,93	5,27	0,70-0,74
Ziegelstein, hellbraun	-	-	0,55
Ziegelstein, hell glasiert	-	-	0,26
Metalle			
Edle Metalle, hochglanz	0,02-0,53	0,10 - 0,30	
Nichtedle Metalle, hochglanz	0,03-0,07	0,15 - 0,40	
Aluminium, roh	0,07-0,09	0,40 - 0,50	
Aluminium, matt	0,055	0,31	0,52
Aluminium, poliert	0,04-0,06	0,23-0,34	0,26
Aluminium, walzblank	0,05	0,28	

Material und Oberflächen	0-100°C ε (=a)	Strahlungszahl C (W/m²K⁴)	5400°C a_s
Eisen, poliert	0,128	0,73	0,45
Eisen, blank geätzt	0,16	0,91	
Eisen, geschmirgelt	0,26	1,47	
Eisen, stark verrostet	0,85	4,82	
Eisen, verzinkt	0,28	1,59	0,64
Eisen, Stahl, roh	0,76-0,83	4,30 - 4,70	
Eisen, Stahl, geschmirgelt	0,25-0,46	1,40 - 2,60	
Eisen, Stahl, rot verrostet	0,71	4,00	
Eisen, Stahl, matt verzinkt	0,09	0,50	
Eisen, Stahl, verzinkt	0,23-0,28	1,30 - 1,60	
Kupfer, poliert	0,03	0,17	
Stahlblech, verrostet	0,66	3,74	
Stahl, poliert	0,05	0,28	
Anstriche			
Aluminiumbronze	0,40	2,27	
Emaillelack, schneeweiß	0,92	5,20	
Heizkörperlack	0,93	5,27	
Ölfarben, beliebige	0,90-0,99	5,10 - 5,60	
Ölfarben, schwarz, matt	0,97	5,50	
Ölfarben, schwarz, glänzend	0,88	4,99	
Ölfarben, weiß	0,89	5,05	
Ölfarben, karminhell, rot	0,81	4,59	0,52
Ölfarben, blau	0,81	4,59	0,64
Ölfarben, kobaltgrün	0,81	4,59	0,58
Ölfarben, zimtfarben	0,81	4,59	0,65
Ölfarben, violett	0,81	4,59	0,83
Ölfarben, grün	0,81	4,59	0,61
Ölfarben, ockergoldgelb	0,81	4,59	0,44
Ölfarben, ockerrotgelb	0,81	4,59	0,63
Spirituslack, schwarz, glänzend	0,85	4,80	

3.9 Strahlungsleistung der Temperaturstrahler

Die Strahlungsheizung eröffnet als humane Alternative zur Heiztechnik völlig neue Wege für die Zukunft. Als Gegenpol zur Konvektionsheizung nimmt sie eine Position ein, die dieser in jeder Hinsicht weit überlegen ist.

Natürlich gibt es bei jeder Heiztechnik radiative und konvektive Anteile. Wichtig für die Effizienz und damit für die energetische Bewertung einer Heizanlage ist jedoch die Aufteilung beider Anteile. Diese Anteile werden maßgebend beeinflußt von der Oberflächentemperatur der strahlenden Fläche und können deshalb sehr unterschiedlich sein.

Da eine Heizanlage aus strahlenden Heizflächen und aus Verteilungsrohren besteht, kann hier beides durchaus zur Wärmeversorgung des Raumes herangezogen werden. Bei der Addition der einzelnen Wärmeleistungen sind dann jeweils die radiativen Strahlungsleistungen und die konvektiven Wärmeleistungen der temperierten Flächen sowie auch die der Verteilungsrohre zu berücksichtigen. Zwar machen die Verteilungsrohre nur einen geringen Anteil aus, doch können sie durchaus als „Energielieferanten“ berücksichtigt werden. Insofern ist es widersinnig, bei Heizanlagenberechnungen von „Verteilungsverlusten“ zu sprechen, die jeweils durch die in der EnEV geforderten „Rohrdämmungen“ so klein wie möglich zu halten sind.

3.9.1 Strahlungsleistung einer Heizfläche

Hierbei treten radiative und konvektive Wärmeleistungen auf, die additiv zu berücksichtigen sind. Wenn auch der konvektive Anteil gering ist, sollte er keinesfalls vernachlässigt werden.

3.9.1.1 Radiative Strahlungsleistung

Die radiative Strahlungsleistung q_r eines „Grauen Körpers“ wird gemäß den Planckschen Meßergebnissen als polarisierte Strahlung *(Hohlraumstrahlung)* [Meier 99, 01, 04a, 08]:

(7) $$q_r = 2 \cdot \sigma \cdot \varepsilon \cdot T^4$$ (W/m²)

Wird statt der absoluten Temperatur T die Temperatur in °C angegeben, so wird:

(7a) $$q_r = 2 \cdot C_S \cdot \varepsilon \cdot \left(\frac{273 + \vartheta_{si}}{100} \right)^4$$ (W/m²)

q_r = radiative Strahlungsleistung des grauen Körpers (W/m²)
σ = Stefan-Boltzmann Konstante ($5{,}67 \times 10^{-8}$ W/m^2K^4)
ε = Emissionsgrad (-)
T = absolute Oberflächentemperatur (K) (absoluter Nullpunkt: -273°C)
C_S = Strahlungszahl des schwarzen Strahlers (5,67 W/m^2K^4)
ϑ_{si} = Oberflächentemperatur der Strahlfläche (°C)

Bei Flachheizkörpern (etwa Strahlplatten) ist ϑ_{si} gleichbedeutend mit der mittleren Oberflächentemperatur H_m, die sich aus Vorlauf- und Rücklauftemperatur zusammensetzt. Oft jedoch kann als Strahltemperatur auch nur die Vorlauftemperatur angenommen werden.

Trotz einer vorliegenden polarisierten „Hohlraumstrahlung“ (ε = 1,00) soll nun auch ein Emissionsgrad ε berücksichtigt werden, um damit einem eventuell doch auftretenden Fall entgegen zu kommen. Für C_S = 5,67 und ε = 0,93 wird dann:

(7b) $$q_r = 10{,}55 \cdot \left(\frac{273 + \vartheta_{si}}{100} \right)^4 \qquad (\mathrm{W/m^2})$$

Die Formel (7b) wird in Tabelle 2 dargestellt.

Tabelle 2: Die radiative Strahlungsleistung q_r einer **Hohlraumstrahlung** in Abhängigkeit von der Oberflächentemperatur ϑ_{si} (°C) nach der Formel (7b) – polarisierte Strahlung.

ϑ_{si}	0	2	4	5	6	8	
20	778	799	821	832	843	866	W/m²
30	889	913	937	**949**	962	987	W/m²
40	1013	1039	1065	1079	1092	1120	W/m²
50	1148	1177	1206	1221	1236	1266	W/m²
60	1297	1329	1361	1377	1393	1426	W/m²
70	1460	1495	1530	1547	1565	1601	W/m²
80	1638	1676	1714	1733	1752	1792	W/m²
90	1832	1873	1914	1935	1956	1999	W/m²

Wenn bei einer Strahlplattentemperatur z. B. von $H_m = \vartheta_{si}$ = 35 °C eine radiative Strahlungsleistung von **949** W/m² erzielt wird, dann wird erkennbar, daß recht beachtliche Leistungszahlen bei der Hohlraumstrahlung auftreten. Charakteristisch ist aber auch, daß hohe Oberflächentemperaturen nicht erforderlich werden, um ausreichende Strahlungsleistungen zu erzielen. Dabei wird die polarisierte Strahlung als „schwarzer Strahler“ nun als „grauer Strahler“ noch auf 93 % reduziert.

In der praktischen Anwendung haben sich seit Jahren die Werte einer Hohlraumstrahlung, also einer polarisierten Strahlung in einem Innenraum, bestätigt. Es besteht also auch aus praktischer Sicht kein Grund, nun davon abzuweichen.

Da die Theorie der strahlungsintensiven radiativen Heiztechnik falsch gehandhabt wird, als Vorbild dient fälschlicherweise die Konvektionsheizung, führt dies infolge gravierender physikalischer Unterschiede beider Heizsysteme zu fehlerhaften Leistungszahlen (siehe Kapitel 4 „Irrtümer der Heizungsbranche“!). Dieser Fauxpas in der Behandlung der Kunden muß endlich überwunden werden.

3.9.1.2 Konvektive Wärmeleistung

Neben der radiativen Strahlungsleistung kann nun auch noch die konvektive Wärmeleistung einer laminaren Strömung bei senkrechten Flächen einer Strahlplatte oder temperierten Wand in Rechnung gesetzt werden. Damit wird die an der temperierten Fläche unmittelbar anliegende Luftschicht erwärmt.

Die konvektive Wärmeleistung q_c einer laminaren Strömung wird bei senkrechten Flächen einer Strahlplatte oder temperierten Wand nach [Raiß 58]:

(8) $$q_c = 1{,}45 \cdot (\Delta\vartheta)^{1{,}25}$$ (W/m²)

q_c = konvektive Wärmeleistung (W/m²)
$\Delta\vartheta$ = Übertemperatur ($\vartheta_{si} - \vartheta_i$) (K)
ϑ_{si} = Oberflächentemperatur (°C)
ϑ_i = Innenraumlufttemperatur (°C)

Die Formel (8) wird in Tabelle 3 dargestellt.

Tabelle 3: Die konvektive Wärmeleistung q_c einer senkrechten Fläche in Abhängigkeit von der Temperaturdifferenz $\Delta\vartheta$ (K)

$\Delta\vartheta$	0	2	4	5	6	8	
0	0	3	8	11	14	20	W/m²
10	26	32	39	43	46	**54**	W/m²
20	61	69	77	81	85	93	W/m²
30	102	110	119	123	128	137	W/m²
40	146	155	164	169	174	183	W/m²
50	193	202	212	217	222	232	W/m²
60	242	252	262	268	273	283	W/m²
70	294	304	315	320	325	336	W/m²

Die konvektiven Leistungszahlen der Tabelle 3 sind wesentlich geringer als die radiativen Werte der Tabelle 2.

Wenn bei der bereits erwähnten Strahlplattentemperatur von $H_m = \vartheta_{si}$ = 35 °C und einer Raumlufttemperatur von ϑ_i = 17 °C sich eine Übertemperatur von 18 K einstellt, dann wird die konvektive Wärmeleistung damit lediglich nur **54** W/m².

3.9.1.3 Die Gesamtwärmeleistung der Heizflächen

Werden die radiative Strahlungsleistung und die konvektive Wärmeleistung zusammengefaßt, dann erhält man die Größe der Gesamtwärmeabgabe einer Heizfläche. Hierfür gilt dann die Formel (9). Diese Wärmeleistung wird:

(9) $$\sum q = q_r + q_c$$ (W/m²)

Σq = gesamte Wärmeleistung aus Strahlung und Konvektion (W/m²)
q_r = radiative Strahlungsleistung (W/m²)
q_c = konvektive Wärmeleistung (W/m²)

Mit diesen Angaben kann die Gesamtwärmeleistung Σq einer Strahlplatte aus Strahlung und Konvektion nach Formel (9) bestimmt werden:

nach Tabelle 2 (ϑ_{si} = 35 °C):	q_r = 949 W/m²
nach Tabelle 3 ($\Delta\vartheta$ = 18K):	q_c = 54 W/m²
	Σq =1003 W/m²

Der Strahlungsanteil beträgt hier dann (949 : 1003) x 100 = 95%.
Die Dominanz der Strahlung von immerhin ca. 95 % ist beachtlich und zeigt die Überlegenheit einer Strahlungsheizung.

Diese Überlegenheit zeigt sich auch bei der Berechnung eines „fiktiven", Wärmeübergangskoeffizienten, den es zwar nicht geben kann (siehe Kapitel 4.5 „Der Nonsens eines Wärmeüberganges"), jedoch aus „Vergleichsgründen" genannt werden soll. Bei einer Temperaturdifferenz von hier angenommenen 35 °C – 17 °C = 18 K würde ein „fiktiver" Wärmeübergangskoeffizient berechnet werden von insgesamt: 1003 : 18 = 55,7 W/m²K (radiativ wären es: 949 : 18 = 52,7 W/m²K und konvektiv dann 54 : 18 = 3 W/m²K).

Diese beiden Zahlen, 95% Strahlungsanteil und nun zusätzlich ein fiktiver radiativer Wärmeübergang von 52,7 W/m²K unterstreichen eindrucksvoll die Bedeutsamtkeit und herausragende Rolle einer Strahlungsheizung gegenüber einer konventionellen Konvektionsheizung (nur 3 W/m²K).

3.9.2 Strahlungsleistung von Verteilungsrohren

Bei einer Zentralheizung werden die einzelnen Heizflächen durch Rohrleitungen miteinander verbunden. Auch diese temperierten Rohrflächen können analog zu den Strahlflächen zur Wärmeversorgung des Raumes mit herangezogen werden, wenn sie frei vor der Wand verlegt werden.

3.9.2.1 Radiative Strahlungsleistung

Wenn bei einer Heizungsanlage die Rohrleitungen offen angeordnet werden, dann dienen auch diese der Wärmelieferung für den Innenraum.

Die radiative Strahlungsleistung q_{Lr} einer Rohrleitung durch eine Hohlraumstrahlung (polarisierte Strahlung) wird:

(10) $$q_{L_r} = 2 \cdot C_S \cdot \varepsilon \cdot \left(\frac{273 + \vartheta_{si}}{100} \right)^4 \cdot d \cdot \pi \quad \text{(W/m)}$$

Für C_S = 5,67 und wiederum ε = 0,93 sowie einem üblichen und deshalb auch angenommenen Rohrdurchmesser von d = 0,018 m wird damit:

(10a) $$q_{Lr} = 0{,}596 \cdot \left(\frac{273 + \vartheta_{si}}{100} \right)^4$$ (W/m)

q_{Lr} = radiative Strahlungsleistung einer Rohrleitung (W/m)
C_S = Strahlungszahl des schwarzen Strahlers (C_S = 5,67 W/m²K^4)
ε = Emissionsgrad der strahlenden Rohrleitung (-)
ϑ_{si} = Oberflächentemperatur der Rohrleitung (°C)
d = Durchmesser der Rohrleitung (m)

Die Oberflächentemperatur ϑ_{si} kann allgemein etwa als gleichbedeutend mit H_m, der mittleren Heizmitteltemperatur, für das gesamte Rohrnetz angenommen werden. Für die Rohre des Vorlaufes kann allerdings auch die Vorlauftemperatur gewählt werden.
Finden als Verteilungsrohre andere Durchmesser Verwendung, so müssen die Tabellenwerte im Verhältnis der beiden Durchmesser umgerechnet werden Die Tabellenwerte gelten für ein 18 mm Verteilungsrohr.
Die Tabelle 4 listet die nach Formel (10a) berechneten Wärmeleistungen auf.

Tabelle 4: Die radiative Strahlungsleistung q_{Lr} von Verteilungsrohren in Abhängigkeit von der Oberflächentemperatur ϑ_{si} (°C) (**Hohlraumstrahlung**, also polarisierte Strahlung).

ϑ_{si}	0	2	4	5	6	8	
20	44,0	45,2	46,4	47,0	47,7	49,0	W/m
30	50,3	51,6	53,0	**53,7**	54,4	55,8	W/m
40	57,2	58,7	60,2	61,0	61,8	63,3	W/m
50	64,9	66,5	68,2	69,0	69,9	71,6	W/m
60	73,3	75,1	76,9	77,8	78,8	80,6	W/m
70	82,5	84,5	86,5	87,5	88,5	90,5	W/m
80	92,6	94,7	96,9	98,0	99,1	101,3	W/m
90	103,6	105,9	108,2	109,4	110,6	113,0	W/m

Wenn bei einer Rohrleitungstemperatur von $H_m = \vartheta_{si}$ = 35 °C eine radiative Strahlungsleistung von **53,7** W/m erzielt wird, dann wird erkennbar, daß selbst hier verwertbare Leistungszahlen auftreten.

3.9.2.2 Konvektive Wärmeleistung

Die konvektive Wärmeleistung q_{Lc} von Verteilungsrohren wird bei laminarer Strömung nach [Raiß 58]:

(11) $$q_{Lc} = 3{,}84 \cdot (\Delta\vartheta)^{1{,}25} \cdot d^{0{,}75}$$ (W/m)

für d = 0,018 m wird dann:

(11a) $$q_{Lc} = 0{,}189 \cdot (\Delta\vartheta)^{1,25}$$ (W/m)

q_{Lc} = konvektive Wärmeleistung einer Rohrleitung (W/m)
$\Delta\vartheta$ = die Übertemperatur (K)
d = Durchmesser der Rohrleitung (m)

Die Tabelle 5 enthält die konvektiven Wärmeleistungen eines Verteilungsrohres nach Formel (11a):

Tabelle 5: Die konvektive Wärmeleistung q_{Lc} von Verteilungsrohren in Abhängigkeit von der Temperaturdifferenz $\Delta\vartheta$.

$\Delta\vartheta$	0	2	4	5	6	8	
0	0	0,4	1,1	1,4	1,8	2,5	W/m
10	3,4	4,2	5,1	5,6	6,0	**7,0**	W/m
20	8,0	9,0	10,0	10,6	11,1	12,2	W/m
30	13,3	14,4	15,5	16,1	16,7	17,8	W/m
40	19,0	20,2	21,4	22,0	22,6	23,9	W/m
50	25,1	26,4	27,7	28,3	29,0	30,3	W/m
60	31,6	32,9	34,2	34,9	35,6	36,9	W/m
70	38,3	39,6	41,0	41,7	42,4	43,8	W/m

Wenn bei einer Rohrleitungstemperatur von $H_m = \vartheta_{si}$ = 35 °C und einer Raumlufttemperatur von ϑ_i = 17 °C sich eine Übertemperatur von 18 K einstellt, dann wird die konvektive Wärmeleistung damit lediglich **7** W/m.

3.9.2.3 Die Gesamtwärmeleistung der Rohre

Die gesamte Wärmeleistung von Verteilungsrohren ergibt sich aus q_{Lr} und q_{Lc}:

(12) $$\Sigma q_L = q_{Lr} + q_{Lc}$$ (W/m)

Σq_L = Zusammengefaßte Wärmeleistung einer Rohrleitung (W/m)
q_{Lr} = radiative Strahlungsleistung einer Rohrleitung (W/m)
q_{Lc} = konvektive Wärmeleistung einer Rohrleitung (W/m)

Damit wird für die Hohlraumstrahlung:

nach Tabelle 4: (ϑ_{si} = 35 °C): q_{Lr} = 53,7 W/m
nach Tabelle 5: ($\Delta\vartheta$ = 18 K): $\underline{q_{Lc}}$ = <u>7,0 W/m</u>
Σq_L = 60,7 W/m

Die Wärmeleistungen von Verteilungsrohren sind gegenüber temperierten Strahlflächen nicht allzu groß, doch können sie ohne weiteres in die Wärmebilanz-Überlegungen mit einbezogen werden.

Der Strahlungsanteil beträgt hier (53,7 : 60,7) x 100 = 88%. Die Dominanz der Strahlung von ca. 88 % ist auch hier beachtlich, zeigt die Überlegenheit einer radiativen Wärmeversorgung und unterstreicht wiederum die Bedeutsamkeit und herausragende Rolle radiativer Heiztechnik gegenüber der üblichen konvektiven Heiztechnik.

3.9.3 Zusammengefaßte Wärmeleistung

Für die Gesamtwärmeleistung einer Strahlungsheizung werden die Werte für die temperierten Flächen bzw. Strahlplatten in W/m² sowie die der Verteilungsrohre in W/m zusammengefaßt. Diese Daten müssen im Einzelfall den Tabellen entnommen werden. Die Wärmeleistung für einen Raum ergibt sich dann aus der Multiplikation der Tabellendaten einmal mit der Heizfläche A_H und zum anderen mit der Rohrlänge l_L.

(13) $$\Sigma\Sigma q = \Sigma q \cdot A_H + \Sigma q_L \cdot l_L \quad \text{(W)}$$

$\Sigma\Sigma q$ = Gesamtwärmeleistung einer Strahlungsheizung (W)
Σq = Zusammengefaßte Wärmeleistung der Heizflächen (W/m²)
A_H = vorhandene Heizflächen der Flachheizkörper (m²)
Σq_L = Zusammengefaßte Wärmeleistung der Rohrleitung (W/m)
l_L = vorhandene Rohrlänge (m)

Bei dem hier gewählten Beispiel einer mittleren Heizmitteltemperatur von 35 °C und damit in etwa auch der Oberflächentemperatur einer Strahlplatte sowie einer Raumlufttemperatur von 17 °C wird die Gesamtwärmeleistung aus Strahlplatten mit Σq = 1003 W/m² und einer Fläche von z. B. A_H von 1,4 m² sowie dem Verteilungsrohr mit Σq_L = 60,7 W/m und einer Rohrlänge z. B. von l_L = 7,3 m:

für die Strahlplatte:	1003 x 1,4 =	1404 W
für das Verteilungsrohr:	60,7 x 7,3 =	443 W
	$\Sigma\Sigma q$ =	1847 W

Diese Leistungsdaten würden dann die Grundlage für die Konzeption einer Strahlungsheizung für diesen angenommenen Raum bilden.

3.9.4 Der Strahlungsanteil

Die Beispielrechnungen in den Abschnitten 3.9.1.3 „Die Gesamtwärmeleistung der Heizflächen“ und 3.9.2.3 „Die Gesamtwärmeleistung der Rohre“ zeigen sehr deutlich die Überlegenheit einer Strahlungsheizung gegenüber der Konvektion. Immerhin werden hierbei Strahlungsanteile von 95% und 88% erreicht.

Diese für die gewählten Beispiele zutreffenden Daten können nun verallgemeinert werden. Da immer unterschiedliche radiative und konvektive Anteile je nach gewählter Vorlauftemperatur vorliegen, ändern sich damit dann auch die jeweiligen Strahlungsanteile f_S. Aus den entsprechenden Wärmeleistungen q in W/m² können die entsprechenden Strahlungsanteile ermittelt werden.

Dies zeigt Bild 10.

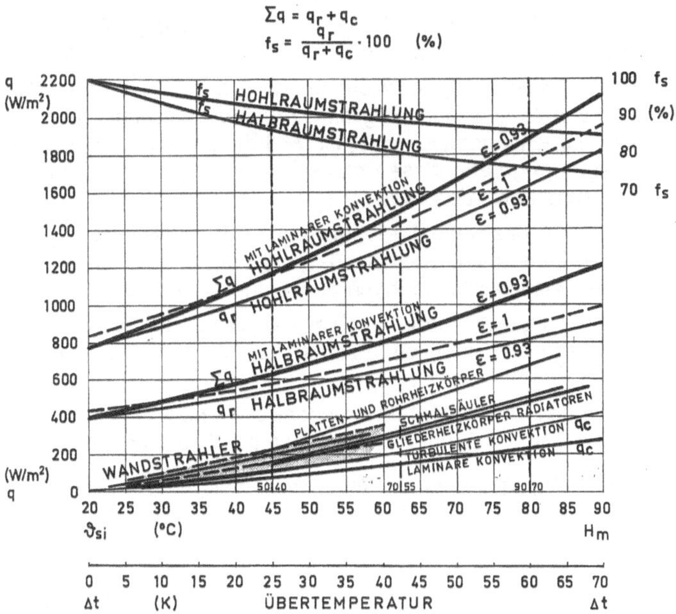

Bild 10: Leistungsangaben q und Strahlungsanteil fs

Wichtig ist darauf hinzuweisen, daß der Strahlungsanteil f_S bei höheren Vorlauftemperaturen niedriger ist als bei niedrigen Vorlauftemperaturen. Hohlraumstrahlung (polarisierte Strahlung): Bei 35 °C sind es etwa 95%, bei 90 °C nur etwa 85%. Halbraumstrahlung (unpolarisierte Strahlung): Bei 35 °C sind es etwa 91%, bei 90 °C dann nur etwa 75%. Je geringer die Übertemperatur Δt also ist, desto höher wird der Strahlungsanteil. Der Grenzfall von 100% Strahlungsanteil liegt vor, wenn die Übertemperatur zu Null wird, wenn also keine Konvektion stattfinden kann.

3.10 Wütende Proteste

Die Reaktionen in der Heizungsbranche auf die aufklärenden Aktivitäten in [Meier 04a] gleichen einem absurden Theater.

Die Unruhe über den Faktor 2 zur Berücksichtigung einer polarisierten Strahlung gemäß den experimentellen Ergebnissen von **Max Planck** (Hohlraumstrahlung) führte dazu, beim Lexikon-Verlag anzufragen, inwieweit man in [Meyers 71] vergessen habe, diesen Faktor 2 herauszunehmen. Es sei doch immerhin in [Meyers 73] der Satz *„durch den Faktor 2 werden die beiden Polarisationsmöglichkeiten berücksichtigt"* gestrichen worden, allerdings sei bei den Formeln das Streichen des Faktors 2 dann versäumt worden. Dieses Versäumnis sei nun in [Meyers 71] wohl übernommen worden. Auch von einem Druckfehler war die Rede.

Diese Einwürfe sind bezeichnend für das technische und geistige Durcheinander in „einschlägigen Fachkreisen", sind Ausdruck grenzenloser Hilflosigkeit.

1) Warum wird in [Meyers 73] der wichtige und richtige Satz *„durch den Faktor 2 werden die beiden Polarisationsmöglichkeiten berücksichtigt"* gestrichen, wenn dies physikalisch doch eindeutig richtig ist. Soll Physik manipuliert werden, zumal bei einem Innenraum gerade diese Polarisation vorliegt, also der Faktor 2 durchaus in Ansatz gebracht werden muß.

2) Es wird immerhin unzweideutig festgestellt, daß In [Meyers 73] bereits korrigiert wurde, aber leider nicht umfassend genug, denn man vergaß das Korrigieren der Formeln – also wurde hier doch übel getrickst und gemauschelt!

3) Diese nun unkorrigierte Formel in [Meyers 73] sei nun leider in [Meyers 71] übernommen worden. Nun sollen plötzlich redaktionelle Versäumnisse schuld sein!

4) Auch der Versuch, den Faktor 2 nun sogar auf einen "Druckfehler" zurückführen zu wollen, kann auf einfache Art und Weise ad absurdum geführt werden.

Die Wiensche Strahlungsformel für kleine Wellenlängen bzw. niedrige Temperaturen enthält analog zur Formel (3) ebenfalls den Faktor 2 ([Meyers 70] (S. 2749) und [Meyers 71] (Band 25, 1979, S. 348):

(14) $$I_{SK} = \frac{2 \cdot c_1 / \lambda^5}{\exp(c_2 / \lambda \cdot T)}$$ (W/m²µm) bzw. (W/cm³)

Druckfehler der Strahlungsformeln von **Planck** und **Wien** an insgesamt vier Stellen? Dies ist völlig unglaubwürdig. Jeder kann sich dazu seinen eigenen Reim machen. Was hier vorliegt, ist die Paradoxie einer pathologischen Wissenschaft, ist ein blamables Unterfangen, fundamentale Fehler zu verschleiern. Anstatt aufzuklären, wird nun Partisan gespielt und herumgenörgelt – armselige Kreaturen.

Lediglich bei einer Strahlung ohne Absorption, Reflektion und Streuung, also bei einer unpolarisierten Strahlung, träfe der Faktor 2 nicht zu. Bei einer Heizanlage in einem Innenraum mit umfangreichen Absorptionen, Reflektionen und Streuungen allerdings wäre die Streichung des Faktors 2 falsch.

Ein Umstand muß erwähnt werden: Die Strahlungsdichte in W/m² unterliegt einer Verdünnung, die sich bei kugelförmiger Ausbreitung von einem Punkt mit dem Quadrat der Entfernung verringert, da sich die Fläche mit dem Quadrat der Entfernung vergrößert. In einem offenen System ist dies richtig (unpolarisierte Strahlung mit freier Ausbreitung), in einem "Hohlraum" jedoch spielt dies keine Rolle, da die Strahlung durch stetige Reflektionen, Absorptionen und Emissionen im Raum verbleibt. Dadurch wird die Strahlung auch polarisiert. **Max Planck** hat ja den Hohlzylinder gewählt, um damit bei seinen Experimenten den Schwarzen Strahler, den Hohlraumstrahler und damit die polarisierte Strahlung zu erhalten.

Bei einer Wohnraumheizung besteht also kein Grund, von der Hohlraumformel mit dem Faktor 2 abzuweichen. Es liegt vielmehr die Vermutung nahe, daß hier aus Konkurrenzgründen nachträglich die Strahlungsleistung einer Strahlungsheizung mit Genugtuung und Häme halbiert wurde. Man sträubt sich halt konsequent und starrköpfig, die Plancksche Strahlungsformel anzuerkennen. Das nahm sogar komödiantische Züge an, wenn von „unterlassenen Korrekturen" beim Verlag und sogar von Druckfehlern gesprochen wurde. Derartige Aktivitäten sind kurios und dubios, die Begründungen recht vage und widersprüchlich. Immerhin haben sich in der praktischen Anwendung die Leistungswerte einer Hohlraumstrahlung, also mit dem Faktor 2, seit einigen Jahren bestätigt.

Monoton und penetrant aber sind die betroffenen Kreise, etwa die Heizungsindustrie sowie ihre „wissenschaftlichen" Helfer, weiterhin unentwegt tätig, um die gewaltigen Leistungsvorteile einer Strahlungsheizung zu negieren, zu bagatellisieren und zunichte zu machen. Immerhin stehen bedeutende Zukunftsperspektiven der Luftheizerei auf dem Spiel.

Es muß also zusammenfassend nochmals klargestellt werden:
Die Hohlraumstrahlung und damit auch die Raumheizung bei einem Innenraum mit den ständigen Reflektionen und Streuungen ist eine polarisierte Strahlung, sie gilt deshalb als „Schwarzer Strahler" und enthält nach den Experimenten von **Planck** den Faktor 2. Die unpolarisierte Strahlung in die Atmosphäre, also ohne ständige Reflektionen und Streuungen, wird dagegen als „Halbraumstrahlung" bezeichnet und deswegen ohne den Faktor 2 präsentiert.

3.11 Konsequenzen

Die Strahlungsheizung eröffnet als humane und energiesparende Alternative völlig neue Wege in der Heiztechnik. Als Gegenpol zur Konvektionsheizung ist sie dieser in jeder Hinsicht weit überlegen. Eine Strahlungsheizung funktioniert eben durch Strahlung und vor allem durch niedrige Oberflächentemperaturen und damit durch niedrige Vorlauftemperaturen. Vorstellungen konvektiver Heiztechnik sind auf die Strahlungsheizung nicht übertragbar. Bei hohen Räumen kann eine zufriedenstellende Behaglichkeit nur durch eine Strahlungsheizung erzielt werden, da es nicht um die Erwärmung der nach oben steigenden Luft, sondern um die Erwärmung der Innenraumflächen geht.

Die physikalischen und physiologischen Gegebenheiten erzwingen geradezu die Wahl einer Strahlungsheizung. Bereits installierte Heizanlagen überzeugen durch ihre Vorteile, so daß diese in Zukunft eine immer größer werdende Verbreitung finden werden. Allerdings werden diese Vorzüge bei der konvektiv ausgerichteten Heizanlagenpraxis sowie den Normen und Richtlinien nicht berücksichtigt. Im Gegenteil, man wehrt sich vehement gegen diese für den Menschen so segensreiche radiative Heiztechnik und forciert lieber die für den Nutzer gesundheitlich und kostenmäßig äußerst nachteiligen konvektiv arbeitenden Heizungen.

Damit aber wird mit den üblich und „lieb" gewordenen Konvektionsheizungen leider eine widersinnige, energieaufwendige, gesundheitsgefährdende und äußerst kundenfeindliche Heiztechnik protegiert. Geschäftsinteressen und Umsätze der am Markt führenden Unternehmen werden halt vorrangig gesehen. Es wäre für einen Investor, für einen Bauherren und Kunden deshalb geradezu unklug, bei Planungsüberlegungen sich auf Konvektionsheizungen zu beschränken, anstatt nun die Strahlungsheiztechnik zu bevorzugen und sich auf diese zu konzentrieren. Die Vorteile sind immens [Eisenschink 87].

Die zukunftsträchtige Heiztechnik der Zukunft heißt deshalb Strahlungsheizung; sie muß einzig und allein für temperierte Umfassungsflächen sorgen; die Raumlufttemperaturen laufen dann parallel nebenher und sind zweitrangig. Die bisherige Prämisse, mit einer Heizanlage Raumlufttemperaturen zu gewährleisten, muß abgelöst werden durch die Prämisse, mit der Heizanlage ausreichende Oberflächentemperaturen zu schaffen. Diese physikalischen Besonderheiten haben gegenüber einer Konvektionsheizung entscheidende Kosten- und Nutzervorteile.

4 Irrtümer der Heizungsbranche

Fehlerhafte Schlußfolgerungen und Irrtümer bei der Strahlungsheizung gibt es zuhauf. Es ist erstaunlich, wie sich derartiges Fehlverhalten und dubiose Machenschaften so lange halten konnten. Offensichtlich sind es merkantile Interessen, die eine Klärung der physikalischen Zusammenhänge bisher zu verhindern wußten.

4.1 Branche halbiert die Strahlung

Der in der Formel (3) enthaltene Faktor 2 hat bei „Fachleuten“ Widerspruch ausgelöst, denn in der allgemeinen Fachliteratur fehlt dieser Faktor. Als Beispiel sei die Formel (15) genannt. Die übliche Praxis in der Heiztechnik halbiert somit durch den Wegfall des Faktors 2 diese von **Max Planck** gefundene Formel einer polarisierten Strahlung oder Hohlraumstrahlung mit dem Hinweis, es handle sich hier um eine Strahlung "in den Halbraum", wie z. B. in [Bogoslovskij 82], [Cerbe 96], [Glück 82], [Lutz 94], [Recknagel 88] und [Reeker 94] erläutert wird.

4.1.1 Strahlen in den Halbraum

Hier wird die unpolarisierte Strahlung, also die ohne Reflektion, Absorption und Emission und damit ohne den Faktor 2, mit der Bezeichnung „Strahlung in den Halbraum“ und dann mit der Halbierung der Wärmeleistung belegt, obgleich beide Sachverhalte nichts miteinander zu tun haben. Es ist irreführend, das Halbieren (physikalisch bedingt) mit dem Halbraum (geometrisch bedingt) begründen zu wollen. Wenn eine temperierte Fläche gemäß dem Planckschen Strahlungsgesetz eine bestimmte Strahlleistung pro Flächeneinheit emittiert, dann geschieht dies unabhängig von Halbraum oder Vollraum, unabhängig von der Form.

Dies zeigt Bild 11.

Eine punktförmige Strahlungsquelle in Kugelgestalt strahlt hier mit 2 m² Oberfläche in den Vollraum und erleidet dadurch keine flächenmäßige Strahlungseinbuße. Der aus Vorder- und Rückseite bestehende Plattenstrahler jedoch kann direkt nutzbringend für den Raum nur nach einer Seite, also in den Halbraum strahlen, da die Rückseite als unmittelbare Strahlfläche für den Raum entfällt. Er strahlt also statt mit 2 m² nur mit 1 m². Die wirksame Fläche wird dadurch zwar halbiert, aber damit doch nicht die Strahlleistung pro Flächeneinheit – und nur darum geht es. Die emittierte Leistung pro Flächeneinheit ist immer gleich, ob es sich dabei um eine Kugelgestalt oder um ebene oder gekrümmte Flächen handelt. Die Form ist hierfür völlig unbedeutend. Es besteht also kein logisch-funktioneller Zusammenhang zwischen dem geometrischen Begriff „Halbraum“ und dem physikalischen Begriff „Strahlleistung“ pro Flächeneinheit, die im Planckschen Hohlraum

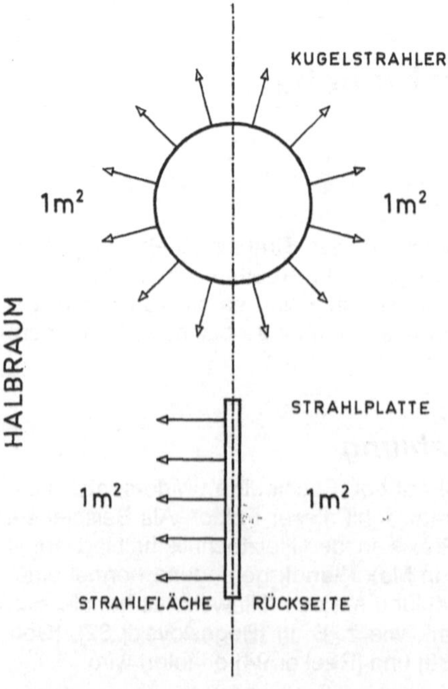

experimentell gemessen wurde. Wenn es bei der Emission einer temperierten Fläche um die Strahlungsleistung geht, dann ist einzig und allein die Oberflächentemperatur der Strahlfläche maßgebend. Die Form spielt dabei keine Rolle. Erst wenn die Frage nach der Nutznießung der Strahlung gestellt wird, dann muß bei ungehinderter Ausbreitung, also ohne Reflektion, infolge der Streuwirkung eine Verdünnung der Wärmeleistung berücksichtigt werden. Dies kann dann durch die Einstrahlzahl φ erfolgen [Meier 95].

Bei einem Innenraum entfällt jedoch die „Einstrahlzahl φ", da durch Reflektion, Absorption und Emission die Strahlung sowieso im Raum verbleibt. Die „Streuungsdiskussion" entfällt.

Bild 11 Strahlen in den Halbraum

4.1.2 Strahlungsleistung

Handelt es sich um eine unpolarisierte Strahlung, also einem Wirkmechanismus ohne Absorption, Streuung und Reflektion, dann gilt die Halbierung der experimentellen Ergebnisse Max Plancks. In [Glück 82] wird die Intensitätsverteilung einer unpolarisierten Strahlung (Halbraumstrahlung) demzufolge wie folgt angegeben:

(15) $$I_{SK} = \frac{c_1 / \lambda^5}{\exp(c_2 / \lambda \cdot T) - 1}$$ (W/cm³) bzw. (W/m²µm)

I_{SK} = spektrale Intensität des schwarzen Körpers (unpolarisierte Strahlung)
c_1 = erste Plancksche Strahlungskonstante (3,7415 x 10^{-12} Wcm²)
λ = Wellenlänge (µm)
c_2 = zweite Plancksche Strahlungskonstante (1,4388 cm K)
T = absolute Oberflächentemperatur (K) (absoluter Nullpunkt: - 273°C)

Der Vollständigkeit halber werden für die unpolarisierte Strahlung (Halbraumstrahlung) ebenfalls die Leistungsdaten zusammengestellt. Die radiativen Strahlungsleistungen in den „freien Raum" sind der Tabelle 6 zu entnehmen. Hierbei werden die für eine polarisierte Strahlung gültigen Werte der Tabelle 2 halbiert.

Tabelle 6: Die radiative Strahlungsleistung q_r einer **Halbraumstrahlung** (unpolarisierte Strahlung) in Abhängigkeit von der Oberflächentemperatur ϑ_{si} (°C)

ϑ_{si}	0	2	4	5	6	8	
20	389	399	410	416	421	433	W/m²
30	444	456	468	**475**	481	493	W/m²
40	506	519	532	539	546	560	W/m²
50	574	588	603	610	618	633	W/m²
60	648	664	680	688	696	713	W/m²
70	730	747	765	773	782	800	W/m²
80	819	838	857	866	876	896	W/m²
90	916	936	957	967	978	999	W/m²

Die Strahlungsleistungen q_r liegen hier zwischen 389 W/m² (bei 20 °C Wandoberflächentemperatur) und 999 W/m² (bei 98 °C Heizflächenoberflächentemperatur). Deutlich wird, daß hohe Oberflächentemperaturen nicht erforderlich werden, um relativ hohe und damit ausreichende Strahlungsleistungen zu erzielen.

Die entsprechenden Leistungszahlen einer unpolarisierten Strahlung eines Heizrohres werden in Tabelle 6a aufgelistet (Halbierung der Tabelle 4).

Tabelle 6a: Die radiative Strahlungsleistung q_{Lr} von Verteilungsrohren in Abhängigkeit von der Oberflächentemperatur ϑ_{si} (°C) einer unpolarisierten Strahlung (**Halbraumstrahlung**).

ϑ_{si}	0	2	4	5	6	8	
20	22,0	22,6	23,2	23,5	23,8	24,5	W/m
30	25,1	25,8	26,5	26,8	27,2	27,9	W/m
40	28,6	29,4	30,1	30,5	30,9	31,7	W/m
50	32,5	33,3	34,1	34,5	34,9	35,8	W/m
60	36,7	37,6	38,5	38,9	39,4	40,3	W/m
70	41,3	42,2	43,2	43,7	44,2	45,3	W/m
80	46,3	47,4	48,4	49,0	49,5	50,6	W/m
90	51,8	52,9	54,1	54,7	55,3	56,5	W/m

Die Strahlungsleistungen q_L liegen hier zwischen 22.0 W/m² (bei 20 °C Rohroberflächentemperatur) und 56,5 W/m² (bei 98 °C Rohroberflächentemperatur). Auch hier zeigt sich die Fähigkeit von Strahlung, bei niedrigen Oberflächentemperaturen noch Strahlungsenergie abzugeben.

4.2 Der Strahlungsaustausch

Zwei gegenüberliegend angeordnete strahlende Flächen stehen im ständigen Strahlungsaustausch, der mit Lichtgeschwindigkeit erfolgt. Dabei gleichen sich die einzelnen Temperaturen an. Dies wird auch in [Cerbe 96] festgestellt; dort heißt es: *„Zwei Körper unterschiedlicher Temperatur tauschen gegenseitig Energie durch Strahlung aus. Hierbei gibt der wärmere Körper mehr Energie als der kältere ab, so daß insgesamt Energie vom wärmeren (Fläche 1) an den kälteren (Fläche 2) übergeht."* Und in [KEM 82] steht lapidar: *„Alle Körper strahlen sich gegenseitig Energie zu, so daß die wärmeren abgekühlt und die kälteren erwärmt werden."*

Bei diesem immer und stets vorliegenden Strahlungsaustausch temperierter Flächen (Strahlplatten, Strahlrohre, Wandflächen, sogar temperierte Möbel) wird für die Energiebilanz die von der höheren Temperatur ausgehenden Strahlung positiv, die von der niedrigeren Temperatur ausgehenden Strahlung dann als „Gegenstrahlung" negativ quantifiziert. Damit gibt die wärmere Fläche die „Differenzenergie" ab, die kältere Fläche jedoch nimmt sie auf. In [Lutz 94] wird diesbezüglich festgestellt: *„Die bei diesem Wärmeaustausch übertragene Wärmemenge ist gleich der Differenz der von den Flächen jeweils nicht absorbierten Strahlungsanteile."* Es werden also nur die reflektierten und damit aber nicht die absorbierten Teile behandelt. Diese durch Absorption gebundene Energiemenge fehlt dann allerdings bei einer umfassenden Energiebilanz und verfälscht damit die tatsächlichen Energiebewegungen.

4.2.1 Die üblichen Formeln

Der Strahlungsaustausch zwischen zwei parallelen Flächen wird in [Reeker 94] wie folgt charakterisiert: *„Eine genaue Berechnung ist außerordentlich kompliziert, weil jede Fläche gleichzeitig Wärmestrahlen emittiert, absorbiert und reflektiert, wobei nicht nur die erste Emission und Absorption, sondern auch der weitere Weg der reflektierten Wärme mit neuerlicher Teilabsorption und Reflektion betrachtet werden muß."* Hier wird deutlich, daß einmal die Beschränkung auf eine einmalige Reflektion den wahren Sachverhalt nicht widerspiegelt, zum anderen aber, nun *mehr* Reflektionen zu berücksichtigen, doch viel zu kompliziert sei.

Es mutet deshalb eigenartig an, wenn dann in [Reeker 94] abschließend festgestellt wird: *„Die Rechnung ist jedoch genau genug, wenn man nach der ersten Absorption abbricht."* Zunächst wird nicht nach der ersten Absorption, sondern nach der ersten Reflektion abgebrochen. Mit dieser Aussage wird die ganze Misere deutlich, Strahlungsenergie realitätsnah formalwissenschaftlich beschreiben zu wollen. Diese angenommene einmalige Reflektion ist bei einem Abstand der Flächen von z. B. 10 m bereits in 30 Mikrosekunden vorbei. Dies nun ist die angenommene Voraussetzung für die Quantifizierung eines „Strahlungsaustausches." Es ist beschämend, was hier „wissenschaftlich" geleistet wird.

Wenn beim Strahlungsaustausch nur die Reflektion beachtet wird (die Absorption wird ja einfach ignoriert und negiert), dann erfolgt diese konkret und praxisgerecht jedoch in *vielfacher* Weise, und zwar mit Lichtgeschwindigkeit. Dies führt letztendlich zum unwiderlegbaren Fakt, daß am Ende *alle* Strahlung *absorbiert* und nichts mehr *reflektiert* wird. Damit aber nähert sich der Emissionsgrad asymptotisch der Zahl 1 und wird zum Schluß zu $\varepsilon = 1$; der „Schwarze Strahler“ eines Hohlraumes ist analog den Planckschen Strahlungs-Messungen erreicht.

Dabei aber haben sich die einzelnen Oberflächentemperaturen angeglichen. Dies alles bleibt bei der „Strahlungsaustauschformel“ unberücksichtigt. Trotzdem soll der eingeschlagene formalwissenschaftliche Weg aufgezeigt werden, um sich ein Urteil über die vermeintliche Verwendungsfähigkeit dieser Formel machen zu können.

Die Strahlungsbilanz der Fläche 1 infolge der zwischen den beiden Flächen F_1 und F_2 ausgetauschten Strahlungsenergie wird nach einmaliger Reflektion für die allerdings für Innenräume nicht zutreffenden unpolarisierten Strahlung, der sogenannten Halbraumstrahlung, nun in der Literatur, wie z. B. in [Glück 82], [Raiß 58] und [Recknagel 88], gemäß der nachfolgenden Formel (16) angegeben:

(16) $$q_{r1,2} = \frac{C_S}{\frac{1}{\varepsilon_1} + \frac{1}{\varepsilon_2} - 1} \cdot \left[\left(\frac{T_1}{100} \right)^4 - \left(\frac{T_2}{100} \right)^4 \right]$$ (W/m²)

Die Strahlungsaustauschzahl $C_{1,2}$ ist darin:

(17) $$C_{1,2} = \frac{C_S}{\frac{1}{\varepsilon_1} + \frac{1}{\varepsilon_2} - 1}$$ (W/m²K⁴)

Auch wird der Strahlungsaustauschgrad E gemäß DIN EN ISO 6946, Anhang B.2 verwendet:

(18) $$E = \frac{1}{\frac{1}{\varepsilon_1} + \frac{1}{\varepsilon_2} - 1}$$ (-)

Damit kann für Formel (17) auch geschrieben werden:

(17a) $$C_{1,2} = E \cdot C_S$$ (W/m²K⁴)

$q_{r1,2}$ = Strahlungsaustausch des grauen Körpers zwischen F_1 und F_2 (W/m²)
C_S = Strahlungszahl des schwarzen Strahlers (5,67 W/m²K⁴)
ε_1 = Emissionsgrad der Fläche 1 (-)
ε_2 = Emissionsgrad der Fläche 2 (-)
T_1 = absolute Oberflächentemperatur der Fläche 1 (K)
T_2 = absolute Oberflächentemperatur der Fläche 2 (K)
$C_{1,2}$ = Strahlungsaustauschzahl (W/m²K⁴)
E = Strahlungsaustauschgrad (-)

Eindeutig und unmißverständlich für den Strahlungsaustausch wäre als Kurzzeichen statt der Bezeichnung $q_{r1,2}$ allein die Bezeichnung Δq, da damit die Differenz von zwei Energiebewegungen zum Ausdruck kommt.

Der Strahlungsaustauschgrad E nach Formel (18), bei der eine Art Mittelwertbildung vermutet werden könnte, ist allerdings *kein* Mittelwert zweier unterschiedlicher Emissionsgrade ε_1 und ε_2 . Dies kann sehr leicht nachgewiesen werden.

Bei Mittelwerten müssen folgende Randbedingungen erfüllt sein:

a) bei unterschiedlichen Emissionswerten muß der Mittelwert mindestens *zwischen* den beiden Emissionswerten der zwei Flächen liegen und
b) bei gleichen Emissionswerten der beiden Flächen muß als „Mittelwert" natürlich der *gleiche* Wert errechnet werden.

Es wird dargelegt, inwieweit die in der Literatur allgemein angegebene und in der Praxis auch verwendete Formel (18) für den Strahlungsaustauschgrad E diesen beiden Prämissen genügen.

Fläche 1: ε_1 = 0,93
Fläche 2 ε_2 = 0,79

Das Ergebnis für E muß demzufolge zwischen 0,79 und 0,93 liegen.
Die Berechnung nach Formel (18) erbringt folgendes Ergebnis:

$$E = \frac{1}{\frac{1}{0{,}93} + \frac{1}{0{,}79} - 1} = 0{,}746 \quad (-) \tag{18}$$

Das Ergebnis liegt *nicht* zwischen 0,79 und 0,93, sondern liegt unter 0,79.

Wie sieht nun das Ergebnis bei gleichen Emissionsgraden aus?

Fläche 1: ε_1 = 0,93
Fläche 2: ε_2 = 0,93

Es muß für E ein Ergebnis von 0,93 erzielt werden. Nach Formel (18) wird:

$$E = \frac{1}{\frac{1}{0{,}93} + \frac{1}{0{,}93} - 1} = 0{,}869 \quad (-) \tag{18}$$

Das Ergebnis ist *nicht* 0,93, sondern liegt ebenfalls darunter.

Bei gleichen Emissionsgraden, also $\varepsilon = \varepsilon_1 = \varepsilon_2$, kann die Formel (18), wenn für E nun ε gesetzt wird, auch umgeformt werden und es wird dann:

$$\varepsilon = \frac{\varepsilon}{2 - \varepsilon} \quad (-) \tag{19}$$

Da als Mittelwert das Ergebnis bei gleichen Emissionsgraden eindeutig $\varepsilon = \varepsilon$ sein muß, heißt das: Der Nenner *muß* den Wert 1 annehmen; dies aber wird nur erreicht, wenn ε = 1 wird. Die Formel (18) gilt als Mittelwert somit nur für den Grenzfall eines schwarzen Strahlers. Für alle von ε = 1 abweichende Emissionsgrade handelt es sich also, wie oben schon nachgewiesen, um *keine* Mittelwerte.

Um welche Werte handelt es sich dann?

Es ist dies der bereits reduzierte Strahlungsaustausch, der sich durch die einmalige Reflektion ergibt, wobei die absorbierten Energieanteile unberücksichtigt bleiben und somit wegfallen. Eine „einmalige" Reflektion ist jedoch, wie bereits erläutert, völlig unrealistisch. Insofern bewegt man sich bei den Formeln für den „Strahlungsaustausch" in einer virtuellen Welt. Beispielhaft soll dies mit konkreten Zahlen erläutert werden.

4.2.2 Die rechnerischen Ableitungen und Beispiele

Folgende Daten werden gewählt und kommen zur Anwendung:

Angenommene Daten:		ϑ_1	=	60°C	ϑ_2	=	20°C
	damit wird:	T_1	=	333 K	T_2	=	293 K
		ε_1	=	0,95	ε_2	=	0,91
		Cs	=	5,67 W/m^2K^4			

Zunächst soll wie üblich mit der „allbekannten" Strahlungsformel (16) die Größe des Strahlungsaustausches nach einmaliger Reflektion berechnet werden:

$$q_{r1,2} = \frac{5{,}67}{\frac{1}{0{,}95} + \frac{1}{0{,}91} - 1} \cdot \left[\left(\frac{333}{100} \right)^4 - \left(\frac{293}{100} \right)^4 \right] = 242{,}57 \text{ (W/m}^2\text{)} \quad (16)$$

Hier verliert die höher temperierte Fläche 1 durch Strahlungsaustausch den Energiestrom von 242,57 W/m² (dies ist fälschlicherweise die entscheidende Aussage für den Heizungstechniker) und die niedriger temperierte Fläche 2 gewinnt ihn. Eine solche Energiebilanzbestimmung nach einmaliger Reflektion bedeutet jedoch lediglich eine Momentaufnahme. Wenn dagegen eine gewisse Zeitspanne mit einbezogen wird, dann werden sich naturgemäß die Oberflächentemperaturen der beiden Strahlflächen annähern und am Ende angleichen. Aber solche in der Zeit sich abspielenden instationären Temperatur- und Strahlungsveränderungen werden formelmäßig nicht berücksichtigt. Man rechnet Ergebnisse für den Beharrungszustand, für einen Zeitpunkt, der bei einer Entfernung von 10 m bereits nach 0,03 Millisekunden vorbei ist.

Dieser nun in der Heizungsbranche stets berechnete „Strahlungsaustausch" kommt wie folgt zustande:

4.2.2.1 Einfacher Strahlungsaustausch

Zwei sich gegenüber liegende Flächen unterschiedlicher Oberflächentemperatur und unterschiedlicher Emissionsgrade tauschen Strahlungsenergie aus.

Die Fläche 1 strahlt zur Fläche 2: Die Strahlungsleistung der Fläche 1 beträgt dann als unpolarisierte Strahlung (als Halbraumstrahlung bezeichnet):

(20) $$q_{r1} = C_S \cdot \varepsilon_1 \cdot \left(\frac{T_1}{100}\right)^4$$ (W/m²)

Die Fläche 2 strahlt aber auch zur Fläche 1, damit wird die Strahlungsleistung der Fläche 2 als unpolarisierte Strahlung:

(21) $$q_{r2} = C_S \cdot \varepsilon_2 \cdot \left(\frac{T_2}{100}\right)^4$$ (W/m²)

Wenn beim Strahlungsaustausch die Differenz der Strahlungsleistungen zweier Strahlflächen zum Tragen kommt, dann wird dieser Energiestrom von der höher temperierten Fläche 1 zur Fläche 2 bzw. die Energiebilanz der Fläche 1:

(22) $$\Delta q_r = q_{r1} - q_{r2}$$ (W/m²)

Wenn die Formeln (20) und (21) hier entsprechend eingesetzt werden, dann wird:

(22a) $$\Delta q_r = C_S \cdot \left[\varepsilon_1 \left(\frac{T_1}{100}\right)^4 - \varepsilon_2 \left(\frac{T_2}{100}\right)^4\right]$$ (W/m²)

q_{r1} = Strahlungsleistung des grauen Körpers von F_1 nach F_2 (W/m²)
C_S = Strahlungszahl des schwarzen Strahlers (5,67 W/m²K^4)
ε_1 = Emissionsgrad der Fläche 1 (-)
T_1 = absolute Oberflächentemperatur der Fläche 1 (K)
$q_{r,2}$ = Strahlungsleistung des grauen Körpers von F_2 nach F_1 (W/m²)
ε_2 = Emissionsgrad der Fläche 2 (-)
T_2 = absolute Oberflächentemperatur der Fläche 2 (K)
Δq_r = Strahlungsaustausch zwischen den Flächen F_1 und F_2 (W/m²)

Bei der Behandlung eines „einfachen“ Strahlungsaustausches ist die Verwendung der beiden Emissionsgrade einleuchtend, da es sich bei der Emission zweier unterschiedlich temperierter Flächen um selbständig strahlende Körper handelt, die dann ihre individuellen Emissionsgrade durchaus gerechtfertigt einsetzen.

Das **Rechenbeispiel** mit den vorn festgelegten Daten für eine unpolarisierte Strahlung sieht dann wie folgt aus:

Die Energiestrahlung von der Fläche 1 zur Fläche 2 wird:

(20) $$q_{r1} = 5{,}67 \cdot 0{,}95 \cdot \left(\frac{333}{100}\right)^4 = 662{,}34$$ (W/m²)

Die Energiestrahlung von der Fläche 2 zur Fläche 1 wird:

(21) $$q_{r2} = 5{,}67 \cdot 0{,}91 \cdot \left(\frac{293}{100}\right)^4 = 380{,}27$$ (W/m²)

Der Differenzstrom (Strahlungsausgleich) beträgt dann:

(22) $$\Delta q_r = 662{,}34 - 380{,}27 = 282{,}07$$ (W/m²)

Bei diesem Strahlungsaustausch verliert die höher temperierte Fläche 1 den Energiestrom von 282,07 W/m², aber die niedriger temperierte Fläche 2 gewinnt diese Energie. Auch mit der Formel (22a) wird dieses Ergebnis erzielt.

4.2.2.2 Strahlungsaustausch nach einmaliger Reflektion

Wird nun beim Strahlungsaustausch jeweils eine einmalige Reflektion der auftreffenden Strahlung berücksichtigt, so ergibt sich ein rechnerischer Ansatz, der z. B. auch in [Cerbe 96] und [Reeker 94] behandelt wird.

Auch hier strahlt die Fläche 1 nach dem Strahlungsgesetz Energie aus, darüber hinaus aber wird die von der Fläche 2 ausgestrahlte Energie reflektiert, so daß sich folgende zusammengesetzte Strahlungsenergie, die von der Fläche 1 zur Fläche 2 unpolarisiert strahlt, ergibt:

(23) $$q_{r1^1} = C_S \cdot \varepsilon_1 \cdot \left(\frac{T_1}{100}\right)^4 + (1-\varepsilon_1)\cdot q_{r2^1}$$ (W/m²)

Das Gleiche gilt nun auch für die Fläche 2, die zur Fläche 1 strahlt . Hier ergibt sich analog folgender Formelansatz:

(24) $$q_{r2^1} = C_S \cdot \varepsilon_2 \cdot \left(\frac{T_2}{100}\right)^4 + (1-\varepsilon_2)\cdot q_{r1^1}$$ (W/m²)

Der Differenzstrom beträgt dann wiederum:

(25) $$\Delta q_{r^1} = q_{r1^1} - q_{r2^1}$$ (W/m²)

Werden diese Formelansätze nach den Gleichungsgesetzen behandelt, so wird die von der Fläche 1 ausgehende Strahlung:

(23a) $$q_{r1^1} = \frac{(1-\varepsilon_1)\cdot \varepsilon_2 \cdot C_S\left(\frac{T_2}{100}\right)^4 + \varepsilon_1 \cdot C_S\left(\frac{T_1}{100}\right)^4}{1-(1-\varepsilon_1)\cdot(1-\varepsilon_2)}$$ W/m²

Die von der Fläche 2 ausgehende Strahlung wird dann analog:

(24a) $$q_{r2^1} = \frac{(1-\varepsilon_2)\cdot \varepsilon_1 \cdot C_S\left(\frac{T_1}{100}\right)^4 + \varepsilon_2 \cdot C_S\left(\frac{T_2}{100}\right)^4}{1-(1-\varepsilon_1)\cdot(1-\varepsilon_2)}$$ W/m²

q_{r1}^{1}	=	Strahlungsleistung des grauen Körpers von F_1 nach F_2 (W/m²)
C_S	=	Strahlungszahl des schwarzen Strahlers (5,67 W/m²K⁴)
ε_1	=	Emissionsgrad der Fläche 1 (-)
T_1	=	absolute Oberflächentemperatur der Fläche 1 (K)
$q_{r,2}^{1}$	=	Strahlungsleistung des grauen Körpers von F_2 nach F_1 (W/m²)
ε_2	=	Emissionsgrad der Fläche 2 (-)
T_2	=	absolute Oberflächentemperatur der Fläche 2 (K)
Δq_r^{1}	=	Strahlungsaustausch zwischen den Flächen F_1 und F_2 (W/m²)

Das **Rechenbeispiel** mit den festgelegten Daten sieht dann wie folgt aus:
Die Energiestrahlung von der Fläche 1 zur Fläche 2 wird:

$$\text{(23a)} \quad q_{r1^1} = \frac{(1-0{,}95)\cdot 0{,}91\cdot 5{,}67\left(\frac{293}{100}\right)^4 + 0{,}95\cdot 5{,}67\left(\frac{333}{100}\right)^4}{1-(1-0{,}95)\cdot(1-0{,}91)}$$

$$q_{r1^1} = 684{,}44 \quad \text{W/m²}$$

Die Energiestrahlung von der Fläche 2 zur Fläche 1 wird:

$$\text{(24a)} \quad q_{r2^1} = \frac{(1-0{,}91)\cdot 0{,}95\cdot 5{,}67\left(\frac{333}{100}\right)^4 + 0{,}91\cdot 5{,}67\left(\frac{293}{100}\right)^4}{1-(1-0{,}95)\cdot(1-0{,}91)}$$

$$q_{r2^1} = 441{,}87 \quad \text{(W/m²)}$$

Der Differenzstrom (Strahlungsausgleich) beträgt dann:

$$\text{(25)} \quad \Delta q_{r^1} = 684{,}44 - 441{,}87 = 242{,}57 \qquad \text{(W/m²)}$$

Bei diesem Strahlungsaustausch verliert die höher temperierte Fläche 1 den Energiestrom von 242,57 W/m², aber die niedriger temperierte Fläche 2 gewinnt diese Energie. Dies aber ist nun genau der Betrag für den Strahlungsaustausch, der nach der bekannten Formel (16) ebenfalls erzielt wird: $q_{r1,2}$ = 242,57 W/m². Der Kreis ist geschlossen, die Formel (16) stimmt nur bei den Voraussetzungen, die hier angenommen wurden und zu diesen Rechenergebnissen geführt haben. Diese Voraussetzungen werden später in Abschnitt 4.2.3 „Zusammenfassende Kritik" noch einmal kurz genannt.

Werden die einzelnen Ergebnisse aufgelistet, dann ergibt sich die Tabelle 7.

Was wird in dieser Tabelle 7 erkennbar?
Aus den durch eine einmalige Reflektion sich ergebenden *höheren* Strahlungsleistungen der beiden Einzelflächen F_1 und F_2 gegenüber den „einfachen" Strah-

lungsemissionen wird deutlich, daß durch Reflektionen die emittierten Strahlungen größer werden, wobei der Zuwachs der höher temperierten Fläche geringer ist (22,10 W/m²) als der Zuwachs der geringer temperierten Fläche (61,60 W/m²). Parallel dazu *verringern* sich jedoch die Differenzen, also die Größen des Strahlungsaustausches. Diese Tendenzen zeigen,

a) daß sich die Strahlungsgrößen und damit auch die Oberflächentemperaturen der beiden Flächen langsam angleichen und

b) daß bei Verkleinerung des Strahlungsaustausches dieser letztendlich dann zu Null wird. Somit konvergieren die Emissionsgrade ε durch vielfache Reflektionen zum Schwarzen Strahler hin nach $\varepsilon = 1$.

Tabelle 7: Strahlungsemissionen und Strahlungsaustausch

	Strahlungsgrößen (W/m²)		
	Fläche 1	Fläche 2	Differenz
	1	2	3
einfache Strahlungsemissionen	662,34	380,27	282,07
Emissionen nach einmaliger Reflektion	684,44	441,87	242,57
zusätzliche Emissionen	22,10	61,60	
Emissionsgrad	$\varepsilon_1 = 0,95$	$\varepsilon_2 = 0,91$	

Spalte 3 enthält die Emissionsdifferenzen, also den Strahlungsaustausch.

4.2.2.3 Zusätzliche Emissionen durch Absorption

Woher kommen die vergrößerten Emissionen, wenn vermehrte Reflektionen vorliegen? Immerhin vergrößert nach einmaliger Reflektion gemäß Tabelle 7 die Fläche 1 ihre Emissionen um 22,10 W/m² und die Fläche 2 um 61,60 W/m².

Diese vergrößerten Emissionen resultieren aus der zusätzlich erfolgten Absorption der jeweils gegenüber liegenden Fläche, die dann natürlich, Absorption ist gleich Emission, auch zusätzlich strahlt und damit die Emission vergrößert. Immerhin wird nur ein bestimmter Teil der auftreffenden Strahlung reflektiert, der Rest wird dann notgedrungen absorbiert ($r = 1 - \varepsilon$).

Diese zusätzliche Strahlung aus zusätzlicher Absorption wird berechnet

für die Fläche 1 nach der Formel: $(1 - \varepsilon_1) \times q_{r2}^{1}$
bzw. für die Fläche 2 nach der Formel: $(1 - \varepsilon_2) \times q_{r1,}^{1}$.

In Zahlen bedeutet dies: (1 - 0,95) x 441,87 = 22,10 W/m².
bzw.: (1 - 0,91) x 684,44 = 61,60 W/m².

Diese zusätzlichen Absorptionen führen zu den in Tabelle 7 aufgeführten zusätzlichen Emissionen und auch zu den Temperaturveränderungen, die die einzelnen Oberflächentemperaturen dann angleichen lassen.

Dies jedoch bedeutet:

1) die Strahlungsenergie der Fläche 2 von 441,87 W/m² minus reflektierter Strahlung durch Fläche 1 von 22,10 W/m² = 419,77 W/m² wird von der Fläche 1 absorbiert (oder auch 441,87 x 0,95 = 419,77 W/m²) und

2) die Strahlungsenergie der Fläche 1 von 684,44 W/m² minus reflektierter Strahlung durch Fläche 2 von 61,60 W/m² = 622,84 W/m² wird von der Fläche 2 absorbiert (oder auch 684,44 x 0,91 = 622,84 W/m²).

Diese von der Fläche 1 (**419,77 W/m²**) und der Fläche 2 (**622,84 W/m²**) jeweils absorbierten Energien müssen ebenfalls ihren Niederschlag in den energetischen Überlegungen finden, denn im Endeffekt kommt es doch immer auf die Gesamtenergiebilanz an.

Dies jedoch geschieht beim Strahlungsaustausch in [Cerbe 96] und [Reeker 94] nicht, so daß wieder einmal festgestellt werden muß: Absorbierte Energie infolge Speicherung und die damit verbundene Temperaturerhöhung werden nicht beachtet, werden einfach ignoriert und unterschlagen, sie werden totgeschwiegen. Die Ergebnisse gelten somit auch wieder nur für den Beharrungszustand und das bedeutet stationäre Betrachtung. Speicherfähigkeit von verwendeten Baustoffen existiert in den Köpfen von Bauphysikern nicht; dies aber führt zu irreführenden Resultaten.

Fazit:
Aus der Nichtberücksichtigung absorbierter Energie muß konsequent der Schluß gezogen werden, daß die Formeln für den Strahlungsausgleich $q_{r1,2}$, hier dann die Formel (16), nicht der Realität entsprechen.

Die theoretische Behandlung des „Strahlungsaustausches“ und die dabei festgestellten Verfahrensgänge sind deshalb mehr als fragwürdig. Dies alles ist nun aber das theoretische Rüstzeug, mit dem „Strahlungspraxis“ zelebriert wird. In Theorie und Praxis ist dies ein Armutszeugnis für die gesamte Heizungsbranche.

4.2.3 Zusammenfassende Kritik

Die Formel (16) ist die allseits bekannte und überall verwendete „Strahlungsformel.“ Die theoretische Ableitung dieser Formel geht jedoch von recht unrealistischen Randbedingungen aus, so daß das Ergebnis äußerst fehlerhaft ist.

Die Gründe werden noch einmal zusammengestellt:

a

Die Strahlungs-Energie wird ausschließlich reflektiert. Die *absorbierte* Strahlung, die zur Temperaturerhöhung führt und die für die Energiebilanz wichtig ist, wird vernachlässigt. Eine Erwärmung der Wand durch Absorption wird somit ignoriert.

b

Es wird lediglich eine *einmalige* Reflektion berücksichtigt. Diese Einschränkung beschreibt einen Zeitpunkt, der eigentlich schon sofort vorbei ist. Mit der Lichtgeschwindigkeit einer elektromagnetischen Strahlung von 300 000 km/sec erfolgt bei einem Abstand von 10 m eine 30-millionenfache Reflektion pro Sekunde, die so lange anhält, bis die gesamte Strahlungsenergie absorbiert ist (schwarzer

Strahler mit einem Emissionsgrad $\varepsilon = 1$) und nach gewisser Zeit der Energieaustausch abgeschlossen ist. Die Oberflächentemperaturen gleichen sich an.

c

Bei vermehrter Reflektion wird der Strahlungsaustausch infolge ständiger Absorption immer geringer und endet, wenn gleiche Temperaturen erreicht sind, bei Null ($T_1 - T_2 = 0$). Die Formel (16) beschreibt also keineswegs den „Endzustand“.

d

Die beiden Emissionsgrade ε_1 und ε_2 ergeben einen zusammengefaßten Emissionsgrad $\varepsilon_{1,2}$, oder Strahlungsausgleichsgrad E nach Formel (18), der immer kleiner als der kleinere der beiden Werte ist. Dies zeigt bereits den Trend, am Ende gegen Null zu konvergieren. Das aber bedeutet: Strahlungsaustausch wird zu Null. Hier zeigt sich das Dilemma, wenn die Absorption vernachlässigt und ignoriert wird. Eine Energiebilanz wird damit rettungslos verfälscht.

e

Es werden zwei gleich große und parallele Flächen angenommen. Bei der verallgemeinerten Anwendung der Strahlungsaustauschzahlen trifft dies selten zu.

f

Es gibt keine seitlichen Strahlungsverluste. Inwieweit diese Randbedingung gesetzt werden kann, hängt vom Abstand der beiden Flächen ab. Allerdings wird bei einem Hohlraum, ein Zimmer ist dabei durchaus als Hohlraum zu sehen, die Frage der Ausbreitung belanglos, da die Strahlung im "Hohlraum" permanent reflektiert, absorbiert und emittiert wird. Sie verbleibt im Raum und verschwindet nicht.

g

Die beiden Temperaturen T_1 und T_2 werden als konstant angenommen. Dies entspricht nicht der Realität, da sich die beiden Temperaturen infolge des dauernd vorliegenden Strahlungsaustausches in kurzer Zeit angleichen.

h

Die beiden Emissionsgrade ε_1 und ε_2 werden ebenfalls konstant angenommen. Auch dies entspricht nicht der Realität, da beide infolge des Strahlungsaustausches approximativ zu 1 und somit zum schwarzen Strahler werden. Dies ist ja das Typische einer Hohlraumstrahlung.

Somit sind bereits die Grundlagen der rechnerischen Behandlung des Strahlungsaustausches fehlerhaft und äußerst kritikwürdig. Die in jedem Lehrbuch enthaltene „Strahlungsformel“ (16) für den Strahlungsaustausch sowie die dann daraus abgeleiteten Formeln enthalten insofern ebenfalls keine real vorliegenden Voraussetzungen und Randbedingungen; sie liefern demzufolge auch keine realistischen Ergebnisse.

Das Bild 12 verdeutlicht für eine unpolarisierte Strahlung unter Berücksichtigung der geschilderten unrealistischen Voraussetzungen die Auswirkungen und Ergebnisse eines Strahlungsaustausches anhand von fünf Beispielen und charakterisiert damit das Wesen und den begrifflichen Inhalt. Grundlage ist die Formel (16) „Strahlungsaustausch“.

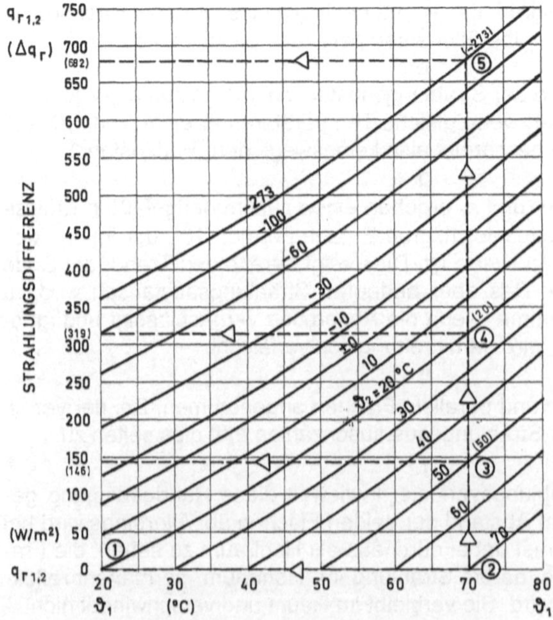

Bild 12

Beim Strahlungsaustausch kann festgestellt werden: Unterschiedliche Oberflächentemperaturen bedeuten Strahlungsaustausch. Je größer die Temperaturunterschiede sind, desto größer ist der Strahlungsaustausch. Gleiche Oberflächentemperaturen bedeuten keinen Strahlungsaustausch, da dieser bereits abgeschlossen ist und somit zu Null wird.

Bild 12 Der Strahlungsaustausch $q_{r\,1,2}$ einer unpolarisierten Strahlung

Fünf prägnante Beispiele sollen dies für eine unpolarisierte Strahlung (Halbraumstrahlung) gemäß Formel (16) verdeutlichen. Dabei werden folgende Daten angenommen: C_S = 5,67 W/m²K^4 und $\varepsilon_1 = \varepsilon_2$ = 0,93.

1) T_1 = 20 °C; T_2 = 20 °C ⇒ $q_{r1,2}$ = 0 W/m²
2) T_1 = 70 °C; T_2 = 70 °C ⇒ $q_{r1,2}$ = 0 W/m²
3) T_1 = 70 °C; T_2 = 50 °C ⇒ $q_{r1,2}$ = 146 W/m²
4) T_1 = 70 °C; T_2 = 20 °C ⇒ $q_{r1,2}$ = 319 W/m²
5) T_1 = 70 °C; T_2 = -273 °C ⇒ $q_{r1,2}$ = 682 W/m²

Wenn die beiden Flächen gleiche Temperaturen aufweisen, dann wird der Strahlungsaustausch zu Null. Wenn die Fläche 2 jedoch im Extremfall den absoluten Nullpunkt von 0 K erreicht und demzufolge nicht strahlt, dann ergibt sich der größte Wert für den Strahlungsaustausch von 682 W/m².

Fazit:

Die Behaglichkeitskriterien sind bei einem Strahlungsaustausch von Null völlig unterschiedlich zu bewerten, denn Oberflächentemperaturen von ringsum 20 °C bewirken doch ein anderes Wohngefühl als solche von 70 °C. Konfuser kann sich „Strahlungstheorie“ nicht gebärden. Die theoretische Behandlung von Strahlung ist ein einziges methodisches Chaos. und ein mißlungener Versuch, die Strahlung theoretisch zu erfassen. Es handelt sich um ein pseudowissenschaftliches Machwerk, das sich den Schein gibt, eine hehre Wissenschaft zu sein.

4.3 Fataler Denkfehler

Das Bemühen, bei den Leistungsangaben von Strahlungsheizungen restriktiv zu agieren, erreicht ihren Höhepunkt in einer völlig unsinnigen Schlußfolgerung. Alle Fachbücher enthalten stets den durch die Differenz zweier strahlender Flächen gekennzeichneten (fehlerhaften) „Strahlungsaustausch" gemäß Formel (16).

Dieser Strahlungsaustausch wird nun jedoch seit langem eklatant fehlgedeutet:

Strahlungs*austausch* wird als Strahlungs*leistung* deklariert

Das ist der große, unausrottbar in der Heizungsbranche eingenistete blamable Irrtum, der nun zu einer doppelt diskriminierenden Behandlung der Strahlungsheizung führt und damit diese in großem Umfang benachteiligt und schädigt.

Die Strahlungsbilanz, also die Energiestrahlungs-Differenz zweier gegenüber liegender Flächen gemäß Formel (16), suggeriert, daß die Fläche 1 mit dieser Energie in W/m² nun in den Raum strahlt. Dies manifestiert sich in dem Kurzzeichen $q_{r1,2}$, das den Energietransport von der Fläche 1 zur Fläche 2 beschreibt. Damit aber wird nun keineswegs die wirklich auftretende Gesamtenergie, sondern lediglich die Differenz zweier Energietransporte gekennzeichnet – und das ist etwas ganz anderes. Auch sind in der Fachliteratur die Kurzformen $q_{1,2}$ oder sogar nur q_s oder q üblich geworden. Dies verführt zu der Annahme, daß es sich um „Strahlungsleistungen" der Flächen 1 und 2 handelt. Bei der Bezeichnung q_s und q ist selbst das nicht mehr zu erkennen.

Ein Gedankenexperiment liefert den Beweis für diesen eklatanten Irrtum, wobei nur der [ ]-Ausdruck der Formel (16), der die Differenz der beiden strahlenden Oberflächentemperaturen T_1 und T_2 als vierte Potenz enthält, betrachtet werden muß. Dafür werden die bereits im Bild 12 gewählten Beispiele herangezogen.

a

Ist z. B. T_1 = 70 °C (Strahlplatte) und T_2 = 20 °C (Putzfläche), so ist der Strahlungsaustausch, die Strahlungsdifferenz, sehr groß. Es ergäbe sich eine „Strahlungsleistung" von immerhin 319 W/m² (Beispiel 4).

b

Wird nun T_2 z. B. auf 50 °C angehoben (eine mäßig temperierte Strahlplatte), so wird der Strahlungsaustausch dadurch mit 146 W/m² kleiner (Beispiel 3). Es ergäbe sich damit jedoch auch eine kleinere „Strahlungsleistung". Tatsächlich aber erhöht sich doch die Strahlungsleistung der Fläche 2, denn sie strahlt jetzt statt mit 20 °C mit 50 °C – also stimmt doch etwas nicht.

c

Wird nun T_2 so wie T_1 auf 70 °C angehoben, wird also die Strahlfläche und damit das Strahlungsangebot für den Raum verdoppelt, dann ergibt sich zwar ein Strahlungs*austausch* von Null, was durchaus stimmt (Beispiel 2), aber eben auch nach gängiger Vorgehensweise eine „Strahlungs*leistung*" beider Strahlplatten von Null; dies aber ist absolut unsinnig und zeigt sehr deutlich den Widerspruch zwischen angenommener Theorie und vorliegender Empirie. Die Theorie folgt hier keineswegs der Empirie. Ein solches Ergebnis ist ein Unding und *kann* nicht stimmen, denn immerhin strahlen jetzt beide Flächen recht deutlich.

d

Wenn infolge erfolgten Strahlungsaustausches alle Oberflächen im Raum einschließlich der Möbel eine Temperatur von z. B. 20 °C hätten, dann wäre die Behaglichkeitsanforderung an einen Raum gemäß Bedford und Liese (siehe Bild 2) sogar übererfüllt. Der Strahlungsaustausch würde jedoch wiederum Null sein (Beispiel 1). Die Strahlungsleistung aber kann ja wohl nie ebenfalls Null sein, denn die Wärmeversorgung und die Behaglichkeit für den Raum ist ja voll gewährleistet und deshalb völlig ausreichend.

Es muß also unmißverständlich festgestellt werden:

Ein Strahlungsaustausch kann nie die Strahlungsleistung sein.

Doch nach gängiger „Experten-Meinung“ wird so verfahren. Damit aber werden völlig absurde Rechenergebnisse erzielt, die der jederzeit zu machenden Erfahrung widersprechen. In der „Strahlungsphysik“ geht eben alles arg durcheinander.

e

Es gibt nur einen Fall, bei dem der Strahlungsaustausch mit der Strahlungsleistung übereinstimmt. Wenn der zweite Strahler die Temperatur des absoluten Nullpunktes von -273 °C annimmt, dann würde in der Formel (16) der Wert für T_2 zu Null werden und es verbleibt nur die strahlende Fläche T_1 mit ihrer tatsächlichen und wahren Strahlungsleistung von 682 W/m² (Beispiel 5).

Zu glauben, die Formel (16) erbringe die wahre Strahlungsleistung, diesen grandiosen Irrtum kann sogar jeder selber empirisch nachvollziehen. Man stelle sich nur zwischen zwei hochgradig temperierte Flächen (50, 100 oder sogar 500 °C), der Strahlungsaustausch wäre Null, die Erfahrung aber zeigt, daß es einem dabei sicher recht heiß werden wird. Trotzdem wird für die beiden Heizflächen jeweils eine „Wärmeabgabe“ von Null „errechnet“, da emittierte und empfangene Energie gleich groß sind. Was hier gerechnet wird ist allein die Tatsache, daß keine Strahlung mehr ausgetauscht wird, da beide Strahler das gleiche Temperaturniveau haben. Das aber hat mit der Leistung beider Strahler nichts zu tun.

Dieses logische Gedankenexperiment zeigt unwiderlegbar:

Die in der Strahlungsphysik verwendeten üblichen Formeln sind nicht verwendbar, sie sind falsch. Thermodynamische Gedankengänge mit ihren Differenzbildungen sind auf die elektromagnetische Strahlung mit ihren quantenphysikalischen Überlegungen nicht übertragbar.

Was ergibt sich daraus?

Irrtümer, Denkfehler und fehlerhafte Schlußfolgerungen bei der Strahlung (bewußt oder unbewußt) sind die Ursachen für dieses Theorie-Debakel. Man berechnet allein nur die (vermeintliche) Energiebilanz einer Strahlfläche, also die Differenz zwischen abgegebener und empfangener Strahlung, nicht aber, wie erforderlich, die Summe der in den Raum strahlenden Energie. Eine „Strahlungsformel“ muß deshalb nicht die Differenz, wie beim Strahlungsaustausch, sondern die Summe beider Strahlungsleistungen enthalten. Es muß zumindest in der [ ]-Klammer der Formel (16) statt Minus richtigerweise Plus heißen.

Bei einer Strahlungsheizung versagt also dieses Modell der Differenzbildung, es führt zu absurden Ergebnissen. Dieses fehlerhafte Vorgehen mit der Differenz wird jedoch überall praktiziert, die fehlerhafte Formel für den Strahlungsaustausch mutiert zur Strahlungsleistungsformel, so auch bei [Bogoslovskij 82], [Cerbe 96], [Glück 82], [Lutz 94], [Raiß 58], [Recknagel 88] und [Reeker 94].

Diese Fehlerhaftigkeit wird allerdings auch in der Fachliteratur verschleiert. Wenn z. B. in [Gösele 85] für den Strahlungsaustausch die Kurzbezeichnung q_r gewählt wird, dann erweckt dies den Eindruck, daß es sich hier um eine direkte Strahlungsgröße handelt – und nicht um eine Differenz. Diese „Ungenauigkeit" allerdings erleichtert dann die „Weiterbearbeitung" dieses fehlerhaften Strahlungsleistungsansatzes zu einer absurd anmutenden Approximation (s. Abschnitt 4.4 „Phantomformel durch Irrtum").

Diese Art einer Behandlung führt aber auch automatisch zu extremen Überdimensionierungen der Heizanlage und ist somit äußerst kundenfeindlich. Strahlungsheizungen werden damit leistungsmäßig generell unterbewertet und maßlos benachteiligt Dies ist unverantwortlich und der Grund, weshalb Konvektionsheizungen es zu einer mehr als fragwürdigen Dominanz gebracht haben.

Hätte **Max Planck** um die Jahrhundertwende seine Hohlraumexperimente nach dieser „Strahlungsaustauschmethode" behandelt, dann wäre als Ergebnis eine für jede Temperatur geltende Energiestrahlung von Null W/m² herausgekommen. Für eine solche grandiose „Forschungsleistung" hätte er 1918 sicher nicht den Nobelpreis erhalten.

Nicht die Differenz, sondern die Summe aller Strahlungsleistungen sind maßgebend. Bei der Energieversorgung eines Raumes müssen insofern alle strahlungsintensiven Flächen einbezogen werden. Deshalb muß sowohl der Energiestrom $q_{r,1,2}$ von der Fläche 1 zur Fläche 2, als auch der Energiestrom $q_{r,2,1}$ von der Fläche 2 zur Fläche 1 unbedingt berücksichtigt werden.

Aber selbst unter dieser Prämisse versagt die angewandte „Differenzmethode". Wenn neben der Formel (16) für den Energiestrom von der Fläche 1 zur Fläche 2 nun auch formelmäßig der Energiestrom von der Fläche 2 zur Fläche 1 berücksichtigt wird, dann lautet dieser Ansatz, nun für $q_{r,2,1}$ [Formel (16a)]:

$$\text{(16a)} \qquad q_{r2,1} = \frac{C_S}{\frac{1}{\varepsilon_1} + \frac{1}{\varepsilon_2} - 1} \cdot \left[\left(\frac{T_2}{100} \right)^4 - \left(\frac{T_1}{100} \right)^4 \right] \qquad \text{(W/m}^2\text{)}$$

Werden nun beide Strahlungsaustauschgrößen, also *beide* Strahlungsbilanzen der Flächen 1 und 2, berücksichtigt, so müssen die Formelausdrücke von (16) und (16a) zur Formel (26) in W/m² zusammengefaßt werden und es wird:

$$\text{(26)} \; \Sigma q_{r^1} = \frac{C_S}{\frac{1}{\varepsilon_1} + \frac{1}{\varepsilon_2} - 1} \cdot \left\{ \left[\left(\frac{T_1}{100} \right)^4 - \left(\frac{T_2}{100} \right)^4 \right] + \left[\left(\frac{T_2}{100} \right)^4 - \left(\frac{T_1}{100} \right)^4 \right] \right\}$$

$q_{r2,1}$ = Strahlungsaustausch des grauen Körpers von F_2 nach F_1 (W/m²)
Σq_r^1 = Gesamtstrahlungsbilanz der zwei Flächen F_1 und F_2 (W/m²)

Wie sieht nun die Strahlungsbilanz beider Flächen aus?
Der { }-Ausdruck ergibt in der Addition knallhart den Wert Null.

Die Ursache für diese Fehlberechnung liegt allein in der Vorstellung, der Strahlungsaustausch (Differenz) sei die Strahlungsleistung. Nur dadurch werden hier die Strahlungsbilanzen der beiden Heizflächen gegenseitig aufgehoben; damit aber würde nun keine Energie mehr an den Raum abgegeben werden, die zwei Strahlheizkörper eliminierten sich gegenseitig. Dies jedoch ist irrelevant, es ist ein potentieller Irrtum und ein ausgesprochener Humbug. Dieser Differenzwahn resultiert aus den Gewohnheiten der Thermodynamik, die bei den üblichen Konvektionsheizungen nun einmal ohne Temperaturdifferenzen nicht auskommt.

Warum eigentlich wird dann diese willkürliche „Differenz-Handhabung" bei einer Strahlungsheizung praktiziert? Man kann damit die Leistungszahlen einer Strahlungsheizung generös äußerst klein halten. Wenn es jedoch um das gesamte Strahlungsangebot für einen Raum geht, dann macht eine Differenz der einzelnen Strahlungsleistungen wirklich keinen Sinn und führt nur zu einem monströsen Rechensalat. Nur die Summe hilft hier weiter.

Quintessenz:
Hier hat sich für die Strahlungsheizung eine Berechnungsweise eingenistet, die bereits im Ansatz falsch ist. Die Erklärung hierfür liegt im physikalischen Unterschied einmal der Wärmeleitung und Wärmeströmung im Rahmen der klassischen kinetischen Wärmelehre, der Thermodynamik, bei der Temperaturdifferenzen maßgebend sind und zum anderen der Strahlung als elektromagnetische Welle, bei der nach quantenmechanischen Gesetzen nur die absolute Oberflächentemperatur der Strahlflächen leistungsbestimmend ist.

Da nur positive elektromagnetische Wellen auftreten, müssen deshalb für die Energiebilanz die anfallenden Energiestrahlungen als positive Größen addiert werden, die sich bei mehreren Strahlern dann einfach überlagern. Für die Quantifizierung der Strahlungsleistung dient somit nur das Strahlungsgesetz, das mit den Formeln (5) bzw. (5a) beschrieben wird.

4.4 Phantomformel durch Irrtum

Die angesprochenen Irrtümer und fehlerhaften Schlußfolgerungen haben nun auch blamable Auswirkungen auf die Leistungsangaben von Strahlungsheizungen, da in der gesamten Heizungsbranche sich die „Strahlungs-Grundlagen" hierfür an Regularien der klassischen Thermodynamik orientieren. Maßgebend sind Normen, hier vor allem die DIN EN 442, die die "genormten" und damit "offiziellen" Leistungsangaben für konvektive Heizkörper abgeben, die jedoch deshalb für Strahlheizkörper nicht anwendbar sind. Es ergeben sich dadurch eklatant fehlerhafte Ergebnisse.

Das Bild 13 zeigt dies sehr deutlich. Dabei wird, wie in der Praxis der Heizungsbranche üblich, ebenfalls ein Emissionsgrad (hier mit 0,93) berücksichtigt, um Ansatzpunkte für kritische Äußerungen zu vermeiden, obgleich ein Emissionsgrad infolge vieler Reflektionen letztendlich zum Wert 1 konvergiert. Die Unterschiede sind zwar unbedeutend, doch hier geht es vor allem um die generelle methodische Falschbehandlung der Strahlung.

Dem Bild 13 kann nun die ganze, unheilvolle Tragik, die der Strahlungsheizung widerfährt, entnommen werden. Die durch anerkannte Institute geprüften Strahlungsleistungen liegen weit unterhalb der tatsächlich auftretenden Strahlungsleistungen. Dies geschieht, weil der „Strahlungsausgleich" mit der unheilvollen „Differenzformel" (16) zum Vorbild genommen und approximativ nun mit der für Strahlung absurden Formel (27) beschrieben wird:

$$q = C \cdot (\Delta t)^n \qquad \text{W/m}^2 \tag{27}$$

Dieser Formel ist zu entnehmen: "Offizielle Prüfberichte" gehen in Anlehnung an die klassische Wärmelehre stets von einer zur Übertemperatur Δt (fast) proportionalen Energieleistung aus. Die Strahlungsaustauschkurve für ϑ_2 = 20 °C ist in Bild 13 zum Vergleich mit eingezeichnet (dicke Linie). Deutlich wird erkennbar, wie die „Prüfergebnisse" sich dem Irrtum des „Strahlungsaustausches" anpassen und die Leistung analog der Konvektion nun ebenfalls von der „Übertemperatur" abhängig machen. Dies aber ist der grundsätzliche Fehler, ein grandioser Irrtum.

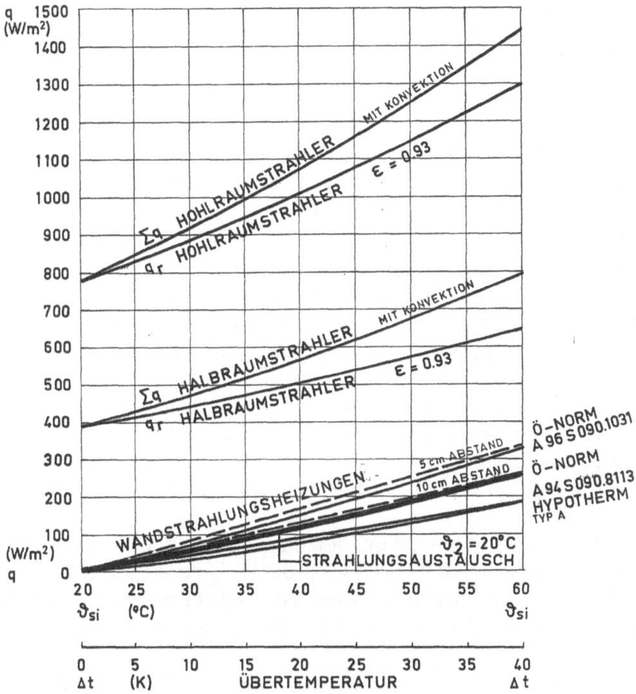

Bild 13 Fehlerhafte Wärmeleistungen nach Prüfberichten

Was ist nun dem Bild 13 zu entnehmen?

Bei der „Halbraumstrahlung", also einer unpolarisierten Strahlung, werden rund 400 bis 500 W/m², bei einer Hohlraumstrahlung, also bei einer polarisierten Strahlung, wie sie bei einem Innenraum vorliegt, sogar rund 800 bis 1100 W/m² unterschlagen. Dies ist das Ergebnis der Irrungen und Wirrungen in der Strahlungstechnik. Es ist ein technischer Skandal.

Dieser Kardinalfehler, den Strahlungsaustausch als Strahlungsleistung anzusehen, führt, man sollte es nicht für möglich halten, eben auch in den Prüfberichten zu derartigen rechnerischen und meßtechnischen Exzessen. Hierzu gibt es umfangreiche Unterlagen, die dies bestätigen. Beispielhaft werden die in Bild 13 erwähnten "Prüf- und Meßergebnisse" in der Tabelle 8 aufgelistet:

Tabelle 8: Wärmeleistungen q von Strahlungsheizungen nach "offiziellen Prüfmethoden".

C	n	Δt	10	20	30	40	K
1,5281	1,3	q =	30,5	75,1	127,2	184,9	W/m²
5,486	1,11	q =	70,7	152,5	239,3	329,3	W/m²
4,0743	1,034	q =	44,1	90,2	137,2	182,0	W/m²
8,333	1	q =	83,3	166,7	250,0	333,3	W/m²
6,667	1	q =	66,7	133,3	200,0	266,7	W/m²

Die ersten drei Zeilen stammen aus offiziellen Prüfberichten, die beiden letzten Zeilen aus einem Entwurf für eine österreichische Strahlungsnorm. Diese Ergebnisse sind niederschmetternd und dafür verantwortlich zu machen, daß Strahlungsheizungen bisher nicht die Bedeutung erlangen konnten, die sie ehrlicherweise verdienen.

Die üblichen Normen dürfen somit nicht zur Bestimmung der Nutzwärmeleistung einer Strahlungsheizung herangezogen werden. Normen für Strahlungsheizungen gibt es nicht, deshalb steht auch in den Prüfberichten: *„In Anlehnung an die DIN EN 442."* Hier Abhilfe zu schaffen, wäre eine vordringliche Aufgabe.

Da jede temperierte Fläche, unabhängig von einer Übertemperatur, Energie abstrahlt, ist die praktizierte Handhabung in Prüfberichten schon vom Grundsatz her falsch. Diese fehlerhafte Behandlung wird jedoch in den „an DIN EN 442 angelehnten" Prüfberichten praktiziert. Die dabei auftretenden Fehler sind:

1.

Es wird, wie bei einer Konvektionsheizung, vorher ein bestimmter Strahlungsanteil angenommen (hier dann ca. 33 bis 60%). Dies ist absurd und zeigt das Unvermögen, hier nun ernsthaft zwischen Thermodynamik (Wärmeleitung und Wärmeströmung) und Quantenmechanik (Energiestrahlung) zu unterscheiden.

2.

Es wird eine Nutzwärmeleistung bei einer bestimmten Temperaturdifferenz zwischen mittlerer Heizwassertemperatur und der Luft angegeben. Für eine Strahlungsheizung ist dies unsinnig, denn Luft ist für Strahlung diatherm und kann deshalb nicht erwärmt werden. „Luftbehandlung" durch Strahlung gibt es nicht.

3.

Es wird eine spezifische Leistung in W/K bzw. in W/m²K berechnet. Der Bezug auf die Temperaturdifferenz „pro K“ ist für eine Strahlungsheizung genauso widersinnig und deshalb eine Fata Morgana, die jedoch sorgsam gepflegt wird.

4.

Die Bestimmung der Strahlungsleistung geschieht nach thermodynamischen Gesichtspunkten unter Einbeziehung der „Übertemperatur” – siehe Formel (27). Dieses Vorgehen ist methodisch völlig falsch und zeigt nur das pure Unvermögen.

Die praktizierte „Strahlungstheorie” jedoch stützt sich auf diese Irrtümer. Aus dieser Diskrepanz ergeben sich automatisch große Unterschiede zwischen der tatsächlichen Strahlungsleistung (quantenmechanische Gesetzmäßigkeiten) und der „hingerechneten” Strahlungsleistung (Anlehnung an thermodynamische Regularien). Das Ergebnis ist ein Theoriedebakel sondersgleichen, ein völliges Durcheinander im Denken, ein vollkommenes Chaos im Rechnen und ein entsprechend absurder Wirrwarr im Handeln. Die Benachteiligung der Strahlungsheizung in Theorie und Praxis ist offenkundig und wird nun auch noch von offiziellen Labors und Instituten gestützt und zementiert.

Dies hat auch Auswirkungen in den Katalogen der Heizkörperhersteller. Entsprechende Literatur ist ausgewertet worden. Diese Ergebnisse sowie die dadurch auftretenden Diskrepanzen sind in Bild 14 grafisch sowie in den Tabellen 9 und 9a tabellarisch dargestellt. Die umfangreichen Leistungswerte in den Katalogen führender Heizkörperhersteller basieren stets auf Prüfberichten führender Institute der Heiztechnik, geprüft in Anlehnung an DIN EN 442. Da hier fehlerhaft vorgegangen wird, sind in den Katalogen dann auch die Leistungswerte für Strahlplatten viel zu gering und repräsentieren damit keineswegs die wahren Größen.

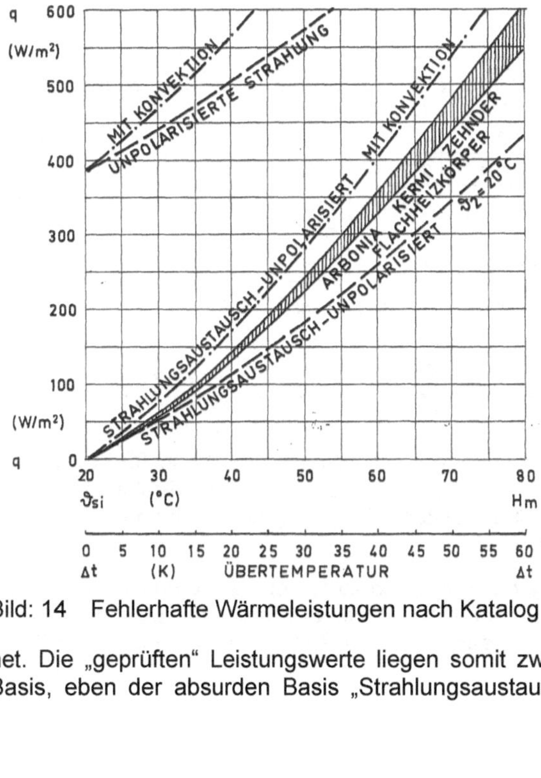

Bild: 14 Fehlerhafte Wärmeleistungen nach Katalog

Als Vergleichskurve ist für eine Temperatur von ϑ_2 = 20 °C und einem Emissionsgrad von ε = 0,93 die entsprechenden beiden Kurven für den „Strahlungsaustausch“ mit und ohne Konvektion besonders eingezeichnet. Die „geprüften“ Leistungswerte liegen somit zwischen den auf fehlerhafter Basis, eben der absurden Basis „Strahlungsaustausch“, entstandenen Zahlen, die somit manipuliert und „hingerechnet“ wurden. Auch hier wird es deutlich: Bei den Leistungsangaben werden Strahlungsheizungen systematisch benachteiligt und regelrecht diskriminiert.

Die einigen Katalogen entnommenen und auch berechneten Daten sind in den Tabellen 9 und 9a aufgelistet. Als Grundlage diente immer die Formel (27).

Tabelle 9: Bemessungsdaten von Flachheizkörpern (Strahlplatten)

		arbonia			Kermi (HVN 10)		
Bauhöhe		W 100	W 200	W 280	1 m	2 m	2,8 m
Strahlungsanteil	%	40 %	40 %	40 %	50 %	50 %	50 %
Heizfläche	m²/m	2,1	4,1	5,7	2,125	4,085	5,653
Leistung 75/65/20	W/m	1000	1902	2733	1000	1891	2733
Leistung q	W/m²	476,2	463,9	479,5	470,6	462,9	483,5
Übertemperatur	K	50	50	50	50	50	50
Exponent n		1,29	1,33	1,33	1,29	1,334	1,3279
Faktor C		3,06	2,55	2,64	3,027	2,506	2,681

Tabelle 9a Bemessungsdaten von Flachheizkörpern (Strahlplatten)

		Zehnder					
		nova			radia paneel		
Bauhöhe		NV 100	NV 200	NV 280	V 100	V 200	V 280
Strahlungsanteil	%	33 %	33 %	34 %	34 %	35 %	36 %
Heizfläche	m²/m	2,39	4,51	6,34	2,14	4,14	5,71
Leistung 75/65/20	W/m	1054	2071	2966	1013	1943	2757
Leistung q	W/m²	441	459,2	467,8	473,2	469,3	482,8
Übertemperatur	K	50	50	50	50	50	50
Exponent n		1,27	1,31	1,31	1,28	1,30	1,33
Faktor C		3,067	2,731	2,7825	3,165	2,902	2,656

Interessant ist vor allem, daß der Strahlungsanteil vorab festgelegt wird. Hier werden Werte von 33 bis 36 % sowie 40 und 50 % genannt. Dies jedoch ist nicht möglich, da die Strahlungsanteile weitgehend von der gewählten Vorlauftemperatur abhängen, die ja dann später erst im Planungsprozeß festgelegt werden.

Typisch sind auch die angenommenen „Übertemperaturen“ von 50 K, die zwar bei einer Konvektionsheizung erforderlich, jedoch bei einer Strahlungsheizung völlig unsinnig sind. Die Strahlungsleistung hängt ausschließlich von der Oberflächentemperatur der Strahlfläche ab.

Es ist deshalb mit Nachdruck die Forderung zu stellen, hier grundsätzlich umzudenken, damit bei der Planung von Heizanlagen auf Strahlungsbasis die rechnerisch produzierten Fehler der Vergangenheit angehören. Der Kunde hat ein Recht darauf und hat es verdient.

4.5 Der Nonsens eines Wärmeüberganges

Ein Wärmeübergangskoeffizient h ist ein Produkt der klassischen Wärmelehre und kennzeichnet bei einer Konvektionsheizung den Wärmeübergang vom Heizkörper zur Raumluft pro Kelvin Temperaturunterschied. Diese klassische Wärmelehre, die Thermodynamik, lebt gemäß dem 2. Hauptsatz der Thermodynamik, dem Entropieerhaltungssatz, wonach Wärme vom höheren zum niedrigeren Temperaturniveau fließt, deshalb von Temperatur*differenzen*, deutlich erkennbar z. B. beim Wärmedurchgangskoeffizienten U oder bei der Konvektion beim Wärmeübergangskoeffizienten h_c an der Dimension W/m²*K*, aber auch bei konvektiv wirkenden Heizanlagen an den Übertemperaturen (*K*). Je größer die Temperatur-Differenz, desto größer ist dann der Wärmefluß, der Wärmeübergang.

Gerade der in der Heizungsbranche überall üblich gewordene konvektive Wärmeübergang, charakterisiert durch den Wärmeübergangskoeffizienten h_c mit der Dimension W/m²*K*, verleitet dazu, in diesen Kategorien nun auch bei der Strahlung zu denken. Das jedoch ist falsch und führt zu Fehlschlüssen.

Die Strahlungsleistung eines Temperaturstrahlers hängt nach Stefan und Boltzmann allein von der vierten Potenz der absoluten Temperatur ab (W/m²). Bei der Strahlung darf zur Leistungsbestimmung also keine Temperaturdifferenz auftreten, erst recht nicht zu einer Lufttemperatur, da Luft für eine elektromagnetische Strahlung diatherm ist und deshalb keine Strahlungsenergie aufnehmen kann. Einen Strahlungsaustausch und damit auch einen Energieübergang zwischen Strahlungs-Heizfläche und Raumluft kann es also nicht geben. Trotzdem wird analog zur Konvektion ein „Wärmeübergangskoeffizient h_r für Strahlung“ in W/m²K definiert. Dies ist physikalisch nicht möglich und deshalb ein Trugschluß.

Diese Naturgesetzlichkeit wird von der etablierten Heiztechnik jedoch völlig ignoriert und manipulativ mißbraucht. Fachbücher und Normen (wie z. B. die EN ISO 6946) betreten hier vereint ein virtuelles Feld des Scheins und der Täuschung. Der methodische Unfug geht also munter weiter.

Wie wird bei dem Nonsens eines vermeintlichen Wärmeübergangskoeffizienten h_r für Strahlung nun vorgegangen?

Wenn "Leistung" in W/m² durch eine Temperaturdifferenz in K geteilt wird, so erhält man die Dimension des „Wärmeübergangskoeffizienten“ in W/m²K. Für die „Weiterbearbeitung“ wird deshalb nun flugs die überall bekannte, aber selbst für den Strahlungsaustausch äußerst fragwürdige Formel (16), die „Differenzformel“, verwendet. Dies ist zwar als „Leistungsfestlegung“ falsch, dient aber trotzdem als Grundlage weiterer Überlegungen. Auf dieser fehlerhaften Basis wird nun weiter „gezaubert, getrickst und gezirkelt“, so daß am Ende dann eigentlich nur noch pseudowissenschaftlicher Schrott herauskommen kann.

Die schon für die Strahlungsleistung nicht anwendbare Formel (16) mit der Dimension W/m² wird nun mit der Temperaturdifferenz (T_1 - T_2) dividiert; damit erhält man dann die Dimension W/m²K. Der Nonsens dieses virtuellen Wärmeübergangskoeffizienten für Strahlung h_r (!) sieht dann wie folgt aus:

(28) $$h_r = \frac{C_S}{\frac{1}{\varepsilon_1} + \frac{1}{\varepsilon_2} - 1} \cdot \left[\frac{\left(\frac{T_1}{100}\right)^4 - \left(\frac{T_2}{100}\right)^4}{T_1 - T_2} \right]$$ (W/m²K)

Diese Formel (28) wird nun in zwei Teilbereiche aufgegliedert; einmal in die bereits bekannte Formel (17) und dann in den [ ] Ausdruck. Die Formel (17) lautet:

(17) $$C_{1,2} = \frac{C_S}{\frac{1}{\varepsilon_1} + \frac{1}{\varepsilon_2} - 1}$$ (W/m²K⁴)

Der [ ]-Ausdruck ist der Temperaturfaktor. Dieser wird bei [Gösele 85] mit a, bei [Raiß 58] mit σ und bei [Glück 82] mit b bezeichnet. Hier wird nun a gewählt.

(29) $$a = \left[\frac{\left(\frac{T_1}{100}\right)^4 - \left(\frac{T_2}{100}\right)^4}{T_1 - T_2} \right]$$ (K^3)

Damit wird dann die folgende Kurzform gefunden:

(28a) $$h_r = C_{1,2} \cdot a$$ (W/m²K)

h_r	=	Wärmeübergangskoeffizient durch Strahlung (W/m²K)
C_S	=	Strahlungszahl des schwarzen Strahlers (5,67 W/m²K^4)
ε_1	=	Emissionsgrad der Fläche 1 (-)
ε_2	=	Emissionsgrad der Fläche 2 (-)
T_1	=	absolute Oberflächentemperatur der Fläche 1 (K)
T_2	=	absolute Oberflächentemperatur der Fläche 2 (K)
$C_{1,2}$	=	Strahlungsaustauschzahl (W/m²K^4)
a	=	Temperaturfaktor (K^3)

Wenn also die (fehlerhafte) Formel (16) durch die Temperaturdifferenz T_1 - T_2 dividiert wird, so kommt man über die Formeln (17) und (29) zur Formel (28a), die nun keineswegs mehr die Differenz zweier Strahlungstemperaturen der Ausgangsformel (28) erkennen läßt. Der Temperaturfaktor a und auch die Strahlungsaustauschzahl $C_{1,2}$ jedenfalls sind natürliche Zahlen mit konkret positivem Ergebnis, obgleich bei gleichen Temperaturen der Strahlungsaustausch ja zu Null wird (abgesehen davon, daß dieser Strahlungsaustausch mit der Leistung ja überhaupt nichts zu tun hat). Insofern wird hier freiweg weiterhin methodisch im Trüben gefischt.

Für den Temperaturfaktor a der Formel (29) wird in [Gösele 85] tabellarische Hilfestellung gegeben. Die Tabelle 10 rundet dabei die Ergebnisse auf drei Stellen, bereinigt aber auch kleine Abweichungen. Der Wahnwitz bei der Behandlung der Strahlung kommt bereits hier in der Tabelle 10 zum Ausdruck.

Tabelle 10: Temperaturfaktor a

T_1 (°C)	T_2 (°C) -10	0	10	20	50	100
-10	0,728					
0	0,770	0,814				
10	0,815	0,860	0,907			
20	0,862	0,908	0,956	1,006		
50	1,017	1,066	1,118	1,171	1,348	
100	1,324	1,380	1,438	1,498	1,694	2,076

Bei gleichen Temperaturen für T_1 und T_2 werden reale Zahlen von 0,782 bis 2,076 präsentiert, obgleich der zwar nicht anwendbare, jedoch benutzte Strahlungsaustausch ja Null ergeben müßte. Bei den beiden 20 °C Temperaturen z. B. wird ein Temperaturfaktor a von etwa 1 genannt. Insofern sind diese konstruierten a-Werte ausgesprochene Phantomzahlen, die durch die willkürliche Teilung mit (T_1 -T_2) entstehen. Mathematisch gesehen ergibt die Division von Null mit Null ja „jede Zahl" – das ist hier auch geschehen, widerspricht aber der angenommenen, jedoch fehlerhaften Grundlage eines „Strahlungsaustausches".

In [Raiß 58] und in [Glück 82] wird der Temperaturfaktor sogar in Form einer Grafik dargestellt. Ob Tabelle oder Grafik, falsch und irreführend sind beide trotzdem. Hier also wird schon arg getäuscht und geblufft.

In den Fachbüchern und Normen wird nun dieses Phantomgebilde eines „Wärmeüberganges" für Strahlung, abgeleitet aus einer an sich schon fragwürdigen Strahlungsaustauschformel, weiterbehandelt, obwohl es dies ja aus physikalischen Gründen überhaupt nicht geben kann – es ist ein virtuelles Produkt überschwenglicher Phantasie; – eine reine Fiktion. Eine sachlich richtige Beschreibung der Wirklichkeit wird mißachtet. Diese Naturgesetzlichkeit wird einfach von der in der Heiztechnik verwendeten Strahlungsphysik völlig negiert, mißgedeutet und manipulativ mißbraucht.

Der Wärmeübergangskoeffizient durch Strahlung h_r gemäß Formel (28) wird nun in verwirrender Weise „weiterentwickelt" und führt zu folgenden Verkrustungen und Verschleierungen:

Für die Formel (28) kann in anderer Form auch gesagt werden:

(28b) $$h_r = \frac{\sigma}{\frac{1}{\varepsilon_1} + \frac{1}{\varepsilon_2} - 1} \cdot \left[\frac{T_1^4 - T_2^4}{T_1 - T_2} \right] \quad \text{(W/m²K)}$$

h_r = Wärmeübergangskoeffizient durch Strahlung (W/m²K)
σ = Stefan-Boltzmann Konstante ($5{,}67 \times 10^{-8}$ W/m²K^4)
ε_1 = Emissionsgrad der Fläche 1 (-)
ε_2 = Emissionsgrad der Fläche 2 (-)
T_1 = absolute Oberflächentemperatur der Fläche 1 (K)
T_2 = absolute Oberflächentemperatur der Fläche 2 (K)

Zur "Vereinfachung" der Formel (28b) wird nun zunächst definiert:

$$T_m = \frac{T_1 + T_2}{2} \qquad (30) \qquad \text{(K)}$$

T_m = mittlere Temperatur von T_1 und T_2 (K)

Damit kann der [ ]-Ausdruck in Formel (28b) annähernd durch folgenden Ausdruck ersetzt werden:

$$\left[\frac{T_1^{\,4} - T_2^{\,4}}{T_1 - T_2}\right] = 4 \cdot T_m^{\,3} \qquad (31) \qquad \text{(K}^3\text{)}$$

Bei Berücksichtigung des Strahlungsaustauschgrades E mit

$$E = \frac{1}{\frac{1}{\varepsilon_1} + \frac{1}{\varepsilon_2} - 1} \qquad (18) \qquad \text{(-)}$$

kann dann für die Formel (28b) auch geschrieben werden:

$$h_r = E \cdot 4 \cdot \sigma \cdot T_m^{\,3} \qquad (28c) \qquad \text{(W/m²K)}$$

Nach dieser Formel (28c) wird bei der Berechnung des Wärmedurchlaßwiderstandes R_g eines unbelüfteten Luftraums nach DIN EN ISO 6946, Anhang B, der Wärmeübergangskoeffizient h_r für Strahlung berechnet.

Bei ebenen Oberflächen wird in DIN EN ISO 6946, Anhang A, der Wärmeübergangskoeffizient h_r für Strahlung dagegen wie folgt angegeben:

$$h_r = \varepsilon \cdot 4 \cdot \sigma \cdot T_m^{\,3} \qquad (28d) \qquad \text{(W/m²K)}$$

Kontrovers: Während bei der Formel (28c) in DIN EN ISO 6946, Anhang B, durch E noch beide Emissionsgrade ε erscheinen, verbleibt in der Formel (28d) in DIN EN ISO 6946, Anhang A, nur noch ein Emissionsgrad. Mit dieser unterschiedlichen Handhabung in derselben DIN-Norm wird wiederum unsauber gearbeitet und rigoros „vereinfacht" – es wird halt unbarmherzig herumgebastelt.

Nach DIN EN ISO 6946, Anhang A, wird der Wärmeübergangskoeffizient des Schwarzen Strahlers h_{ro} analog zu den Formeln (28c) und (28d) dann:

$$h_{ro} = 4 \cdot \sigma \cdot T_m^{\,3} \qquad (32) \qquad \text{(W/m²K)}$$

h_r = Wärmeübergangskoeffizient durch Strahlung (W/m²K)
E = Strahlungsausgleichsgrad (-)
σ = Stefan-Boltzmann-Konstante ($5{,}67 \times 10^{-8}$ W/m²K⁴)
T_m = mittlere thermodynamische Temperatur der Oberfläche und ihrer Umgebung (K)
ε = Emissionsgrad der Oberfläche (-)
h_{ro} = Wärmeübergangskoeffizient des Schwarzen Strahlers (W/m²K)

Mit der Festlegung des „Wärmeübergangskoeffizienten h_{ro}" eines schwarzen Körpers gemäß Formel (32) betritt die DIN EN ISO 6946, Tabelle A.1, wiederum das schon oft zitierte virtuelle Feld des Scheins und der Täuschung; die dort aufgeführten Werte zeigt die Tabelle 11.

Tabelle 11: Wärmeübergangskoeffizienten Strahlung

Temperatur T_m (K)	h_{ro}
°C	W/m²K
-10	4,1
0	4,6
10	5,1
20	5,7
30	6,3

Mit dieser Verfahrensweise wird der Glaube verbreitet, daß ein Schwarzer Strahler über einen (fiktiven) „Wärmeübergangskoeffizienten" von ca. 7 bis 9 W/m²K (bei 40 bis 70 °C) nicht hinauskommt – doch dies alles ist ausgemachter Unsinn.

Die bei richtiger Behandlung der Leistungswerte im Nachhinein, also nachträglich sich ergebenen „fiktiven" Wärmeübergangskoeffizienten liegen bei Größenordnungen, die bei niedrigen Strahlungstemperaturen bei über 60 W/m²K liegen. Bei den Rechenbeispielen in Abschnitt 3.9.1 „Strahlungsleistung einer Heizfläche" ist dies nachgewiesen worden; aber auch das Bild 15 zeigt für den imaginären Wärmeübergangskoeffizienten h entsprechend hohe Werte.

Mit diesen sehr willkürlichen und rigorosen Umformungen der Phantom-Formel (28) bzw. (28b) für den „Wärmeübergangskoeffizienten h_r" in die Formel (28d) wird nun folgendes bewirkt:

1.

Die zwei Strahlflächen T_1 und T_2 in der [ ]-Klammer der Formel (28b) werden näherungsweise durch T_m ersetzt. Mit dieser „Vereinfachung" wird nicht mehr erkennbar, daß es sich ursprünglich um *zwei* strahlende Flächen handelte. Die Differenz $[T_1^4 - T_2^4]$ als Maß des „Strahlungsaustausches" wird damit übertüncht und die wichtige Spreizung der beiden strahlenden Temperaturen für eine wohl unterschiedliche Bewertung durch das Verwenden des Mittelwerte T_m eliminiert.

2.

Der T_m-Wert suggeriert eine stets vorliegende Strahlungstemperatur, selbst wenn $T_1 = T_2 = T_m$ wird und somit der Strahlungsaustausch nach Formel (16) ja ein

Null-Ergebnis liefern würde. Da jedoch der „Strahlungsaustausch“ in diesem Falle sowieso Humbug ist, kommt es auf diese Ungereimtheit eh nicht mehr an.

3.

Bei der „Weiterentwicklung“ der Formel (28b) war T_m der Mittelwert der zwei Strahlflächen T_1 und T_2 , die miteinander im Strahlungsaustausch stehen. Dann aber wird T_m in der DIN EN ISO 6946, Anhang A, als „mittlere thermodynamische Temperatur der Oberfläche und ihrer Umgebung“ bezeichnet. Was unter „Umgebung“ zu verstehen ist, wird nicht gesagt. Diese Beliebigkeit einer Definition bedeutet Ungenauigkeit und zeigt die Hilflosigkeit der Branche. Es wird krampfhaft nach einer „Gegenstrahlung“ in der Umgebung gefahndet.

4.

Die ursprünglich vorhandenen Emissionsgrade ε_1 und ε_2 im Strahlungsausgleichsgrad E in Formel (18) verschmelzen zum gemeinsamen ε. Diese „Vereinfachung“ ignoriert unterschiedliche Emissionsfaktoren der beiden strahlenden Flächen. Luft hat z. B., da diatherm, einen Emissionsgrad von Null. Wie sollte dann eigentlich ein Emissionsgrad ε für „Umgebung“ festgelegt werden, was man darunter auch verstehen mag? Wegen dieser Schwierigkeit ignoriert man ihn dann am besten gleich und hantiert nur mit dem Emissionsgrad der Oberfläche gemäß Formel (28d). So genial konfus gebärdet sich die „Allmacht Bauphysik“.

Bei diesen manipulativen Rechenkünsten bleibt mit der Nonsensformel (28d) für einen grauen Strahler nur ein Torso übrig, der die völlige Verworrenheit der Bauphysik auch in Sachen Strahlung zum Ausdruck bringt. Dieser fiktive Wärmeübergangskoeffizient Strahlung h_r kann trotz größter Mühe nicht mehr gerettet werden, er gehört in den Papierkorb.

Analoges gilt natürlich auch für den Wärmeübergangskoeffizienten des „Schwarzen Strahlers“. Die Formel (32) wird in der DIN EN ISO 6946 sogar als Tabelle A1 präsentiert (hier ist es die Tabelle 11), die das Absurde eines Wärmeübergangskoeffizienten Strahlung übertüncht. Es werden Werte „pro K Temperaturunterschied“ aufgeführt, obwohl eine Energiestrahlung unabhängig von Temperaturdifferenzen nur proportional zur vierten Potenz der absoluten Temperatur strahlt. Abgesehen davon werden infolge des fehlerhaft angenommenen „Strahlungsaustausches“ viel zu geringe Werte ermittelt. Es wird erkennbar:

Hier wird Mystik präsentiert

Die Absurdität eines „Wärmeübergangskoeffizienten Strahlung“ ist physikalischer Unfug, ein Wärmeübergang für Strahlung kann es partout nicht geben. Insofern ist ein gemeinsamer Wärmeübergangskoeffizent für Strahlung und Konvektion vollendeter Nonsens. Aber unbeirrt und trotzig steht in DIN EN ISO 6946, Anhang A, die Formel für einen nur fiktiv zu sehenden Wärmeübergangswiderstand R_S:

$$(33) \qquad R_S = \frac{1}{h_c + h_r} \qquad (m^2K/W)$$

Aber auch folgende Schreibweise wird offeriert [Gertis 82]:

$$(34) \qquad \alpha_g = \alpha_k + \alpha_s \qquad (W/m^2K)$$

R_S = Wärmeübergangswiderstand des grauen Körpers (m^2K/W)
h_c = Wärmeübergangskoeffizient durch Konvektion (W/m^2K)
h_r = Wärmeübergangskoeffizient durch Strahlung (W/m^2K)
α_g = Wärmeübergangskoeffizient aus Strahlung und Konvektion (W/m^2K)
α_K = Wärmeübergangskoeffizient durch Konvektion (W/m^2K)
α_S = Wärmeübergangskoeffizient durch Strahlung (W/m^2K)

Dazu heißt es in besagter Veröffentlichung: *„Im Wärmeübergangskoeffizienten α wird die konvektive und strahlungsbedingte Wärmeübertragung an der Außen- bzw. Innenoberfläche zusammengefaßt“* [Gertis 82].

Die Addition der beiden Wärmeübergangskoeffizienten hc und hr im Nenner der Formel (33) sowie die Addition der beiden Wärmeübergangskoeffizienten α_K und α_S in der Formel (34) ist der bereits oft erwähnte kapitale Fehler, ein physikalischer Fauxpas. Thermodynamik und Quantenphysik können nicht gemischt werden, dies bedeutet physikalische Utopie. Trotzdem werden der „Fachwelt“ die Formeln (33) und (34) immer wieder präsentiert.

In [Raiß 58] steht: *„Diese Schreibweise hat den Vorteil, daß man die Wärmeübergänge durch Konvektion und Strahlung in einer gemeinsamen Gleichung darstellen kann.“*

In [Reeker 94] steht: *„Diese Schreibweise hat den Vorteil, daß man die Wärmeübertragung durch Konvektion und Strahlung durch eine Gesamtwärmeübergangszahl $\alpha_{ges} = \alpha_K + \alpha_S$ darstellen und berechnen kann.“*

In [Cerbe 96] steht: *„Der gemeinsame Wärmeübergangskoeffizient ist bei gleichen Temperaturdifferenzen für Strahlung und Konvektion $\alpha_{ges} = \alpha_{konv} + \alpha_S$.“*

Diese Schreibweise hat leider nur den einen Nachteil, daß sie auf einem physikalischen Irrtum beruht, man reitet unbeirrbar eine Schimäre. Naturwissenschaftliches Denken geht halt oft schizophrene Wege. Heiztechnik und Normen aber können jubilieren, denn mit dieser absurden „Gleichmacherei“ von Konvektion und Strahlung werden beide Wärmeübergangskoeffizienten in typischer geistiger Verblendung nun brav additiv behandelt. Und man denkt sich nichts dabei. Jedoch sollte das Denken und Nachdenken im Wissenschaftsbetrieb langsam doch wirklich wieder oberste Priorität genießen.

Es muß hier positiv erwähnt werden, daß in [TLE 81] die Fragwürdigkeit des „Wärmeübergangskoeffizienten für Strahlung“ sehr wohl erkannt wurde, denn es wird von der „fiktiven“ Wärmeübergangszahl α_S gesprochen. Allerdings unterliegt man auch hier dem Trugschluß der Differenzbildung, die zwar beim „Strahlungsaustausch“ Voraussetzung ist, für die Strahlungsleistungsbestimmung jedoch zu Irrtümern führt.

Nur wenn die Energieabgabe aus Strahlung (Quantenmechanik, siehe Tabelle 2) und aus Konvektion (Thermodynamik, siehe Tabelle 3) vorliegen, können sozusagen als „rechnerische Krücke” die entsprechenden (fiktiven) „Wärmeübergangskoeffizienten“ als „Vergleichswert“, sozusagen rückwirkend und im Nachhinein, ermittelt werden. Einen grundsätzlichen Überblick über die Größenordnungen von Wärmeübergangskoeffizienten h liefert das Bild 15.

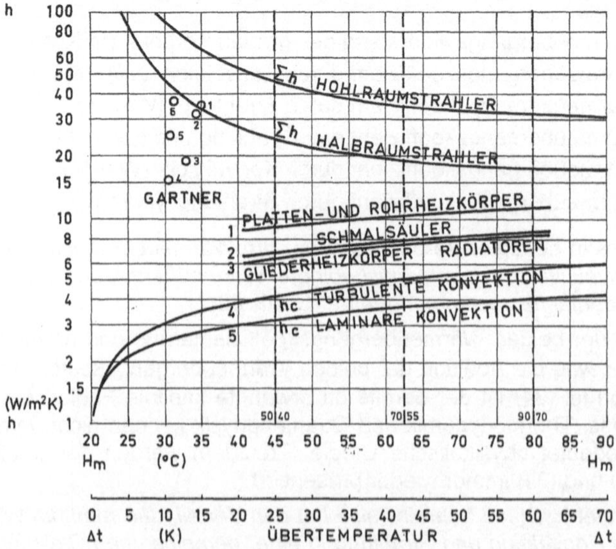

	h	h	h
1	8.7	11.2	11.8
2	6.5	7.6	8.5
3	6.4	7.5	8.3
4	4.2	5.1	5.7
5	3.2	3.7	4.0

Bild 15: Wärmeübergangskoeffizienten h

In Bild 15 sind die Wärmeübergangskoeffizienten von ausgewählten Heizkörpern sowie der Konvektion aus [Raiß 58] zum Vergleich aufgeführt.

Bemerkenswert dabei ist: Bei der Konvektion, hier sind allein die Übertemperaturen maßgebend, wird ein höherer Wärmeübergangskoeffizient bei *steigenden* Heizmitteltemperaturen erzielt. Bei den Strahlern dagegen, hier sind allein die absoluten Temperaturen maßgebend, wird ein höherer (fiktiver) Wärmeübergangskoeffizient bei *fallenden* Heizmitteltemperaturen erreicht.

Dies erklärt die hohe Effizienz von Strahlungsheizungen im Niedrigtemperaturbereich, denn immerhin liegen hier die allerdings nur als Phantomwerte existierenden und nur als „Vergleichswerte“ verwendbaren Wärmeübergangskoeffizienten bei ca. 30 bis 70 W/m²K.

Experimentell wurden bereits Ende der 70er Jahre von der Fa. Gartner in Gundelfingen recht günstige Wärmeübergangskoeffizienten ermittelt, die in Tabelle 12 aufgelistet sind. Die hier allerdings von der „Norm“ der Tabelle 11 stark abweichenden Werte wurden von der „hohen Wissenschaft“ nicht anerkannt, man gewährte jedoch großzügig Werte etwa um die 12 W/m²K. Man hat offensichtlich in Theorie und Praxis große Schwierigkeiten, überzeugende, auf Meßdaten und Logik beruhende Argumente zu registrieren, geschweige denn zu akzeptieren. Hier kann man nur sagen: „Armes Akademiker-Völkchen“.

Tabelle 12: Gartner Meßergebnisse [Gartner 78]:

	1	2	3	4	5	6	
H_m	35	34	33,25	30,5	30,75	31	°C
h	35,8	31,5	19,1	15,8	25,2	37,2	W/m²K

Bereits vor ca. 30 Jahren wurden also schon „Wärmeübergangskoeffizienten" bei Strahlungstemperaturen von 30 bis 35 °C experimentell ermittelt, die bei etwa 25 bis 35 W/m²K lagen. An eine Korrektur der Denk-Irrtümer jedoch wurde nicht gedacht. Im Gegenteil: In [Gartner 07] wird als spezifische Heizleistung für die Integrierte Fassade ein Bereich von ca. 8,0 - 12,0 W/m²K angegeben. Man paßt sich also widerstandslos der kursierenden fehlerhaften Meinung der „hehren Wissenschaft" an. Offensichtlich wird man trotz gegenteiliger Erfahrung als Firma so lange „bearbeitet", bis man resigniert aufgibt – und sich dem theoretischen Unfug anschließt. Bei der Strahlung geht eben halt alles durcheinander, Wissenschaft ist überfordert – aber auch geistig überaus resistent.

Diese physikalisch völlig verworrene Strahlungs-Situation, diese grandiose Verrücktheit gipfelt dann in schrankenloser Absurdität. Ein radiativer Energiestrom $q_{r1,2}$ in W/m² (q bei [Gösele 85] sowie $q_{1,2}$ bei [Raiß 58] und [Glück 82]) wird dann wieder berechnet durch Multiplikation des fiktiven Wärmeübergangskoeffizient h_r für Strahlung in W/m²K (bei [Gösele 85], [Raiß 58] und [Glück 82] jeweils α_S) mit einer Temperaturdifferenz (t_1 - t_2) und es wird:

$$q_{r1,2} = h_r \cdot (t_1 - t_2) \qquad (35) \quad (\mathrm{W/m^2})$$

Dies bedeutet konvektives Gedankengut und hat bei der Strahlung keine Daseinsberechtigung. Eigentlich müßte nun wieder trotz fehlerhafter Strahlungsausgleichs-Formel (16) und damit fehlerhaftem Wärmeübergangskoeffizienten h_r gemäß Formel (28b) mit der definierten Temperaturdifferenz (T_1 - T_2) der beiden strahlenden Flächen multipliziert werden, doch dies geschieht nicht.

Die bei [Raiß 58], [Glück 82] und [Gösele 85] angegebenen analogen Formeln zu Formel (35) enthalten nicht die beiden Strahlflächentemperaturen, sondern nur eine anonyme Temperaturdifferenz (t_1 - t_2). Bei den üblichen stationären Berechnungen mit dem U-Wert (W/m²K) wird damit üblicherweise immer die Temperaturdifferenz zwischen Innenraumluft und Außenluft verwendet. Eine derartige „Umorientierung" zeigt die Willkür und Überheblichkeit dieser Protagonisten in der „Wissenschafts-Disziplin-Bauphysik".

Stets werden also irgendwelche für die Strahlung imaginären Lufttemperaturen gewählt, die den Temperaturen der zwei strahlenden Flächen keinesfalls entsprechen. Hier wird betrügerisch gedacht, gerechnet und gehandelt. Eine fehlerhafte Grundformel (16) für den Strahlungsaustausch kann alle darauf aufbauenden Gedankengänge, Ableitungen, Formeln und Ergebnisse nicht richtig machen und damit rechtfertigen. Was hier geschieht, bedeutet die Perversion von Wissenschaft, gestützt von einer zwecks Umsatzsteigerung wild entschlossenen Wirtschaft. Die geistige Konfusion ist perfekt. Dieses physikalische Kauderwelsch muß im Interesse der Kunden endlich beendet werden.

4.6 *Selbstbetrug durch Mogelei*

Das ganze geistige Strahlungs-Durcheinander in der etablierten Heizungsbranche spiegelt sich auch in der DIN EN 832, Anhang D.5, wider. Dort wird eine skurrile Formel für die Nettowärmegewinne durch die immer und stets vorhandene Solarstrahlung in (J) angegeben. Eine entsprechende Umformung in (W/m²) ist allerdings vorteilhaft, damit gleiche und vergleichbare Dimensionen vorliegen.

Diese durch DIN zusammengeflickte Formel (36) lautet in korrigierter Form:

(36) $$\phi'_s = U \cdot R_e \cdot \left(\alpha \cdot I_s - F_f \cdot h_r \cdot \Delta\vartheta_{er}\right)$$ (W/m²)

Φ'_S = Nettowärmegewinn durch Strahlung (W/m²)

U = Wärmedurchgangskoeffizient des Bauteils (W/m²K)

R_e = äußerer Wärmedurchlaßwiderstand des Bauteils (m²K/W) identisch mit: $1/\alpha_a$ (Wärmeübergangswiderstand außen)

α = Absorptionskoeffizient (-)

I_s = Globalstrahlung (W/m²)

F_f = Formfaktor zwischen Bauteil und Himmel (-)

h_r = äußerer Abstrahlungskoeffizient (W/m²K)

$\Delta\vartheta_{er}$ = Differenz zwischen Temperatur der Umgebungsluft ϑ_e und scheinbarer Temperatur des Himmels ϑ_{Hi} (K)

Anmerkung: Der äußere Wärmedurchlaßwiderstand R_e in DIN EN 832 (m²K/W) ist identisch mit dem Wärmeübergangswiderstand R_S in DIN EN ISO 6946 und DIN 4108 (m²K/W).

Bei der Formel (36) ist gemäß DIN EN 832 zu beachten:

a) Formfaktor F_f: für Dächer gilt 1, für senkrechte Wände 0,5

b) Der äußere Abstrahlungskoeffizient h_r wird in erster Näherung 5ε.

Die Formel (36) ist nun wie folgt zu bewerten:

Richtigerweise muß bei dem Wert $\Delta\vartheta_{er}$, der Temperaturdifferenz zwischen Umgebungsluft (Außenluft) und Himmel, die Oberflächentemperatur ϑ_{se} Verwendung finden, denn nur eine temperierte Oberfläche kann strahlen – aber nein, für diese Abstrahlungstemperatur wird die Temperatur der Umgebungsluft gewählt, obgleich Luft überhaupt nicht strahlen kann.

Der Grund Ist ein banaler: Regional sortierte statistische Daten über Oberflächentemperaturen ϑ_{se} liegen nicht vor, jedoch umfangreiche Daten über Außenlufttemperaturen ϑ_e. Also wird flugs die Außenlufttemperatur gewählt. Da jedoch infolge der Absorption von Solarstrahlung die Oberflächentemperatur erheblich von der Außenlufttemperatur abweicht, wird einfach mit der Fußnote [4)] in DIN EN ISO 6946, Anhang A, deklariert:

„Bei Außenoberflächen ist es üblich, die Außenlufttemperatur zu verwenden, die auf der Annahme eines trüben Himmels beruht, so daß Außenluft- und Strahlungstemperatur tatsächlich gleich sind. Dies vernachlässigt auch jeglichen Einfluß kurzwelliger Sonnenstrahlung auf Außenflächen"

In der Fußnote[4)] zeigt sich bei der Behandlung der Strahlung die ganze Verworrenheit, aber auch arrogante Überheblichkeit in den DIN-Ausschüssen, denn Außenlufttemperatur und Außenoberflächentemperatur dürfen keineswegs gleichgesetzt werden. Sie unterscheiden sich durchaus um mindestens 15 bis 30 K. Der letzte Satz der Fußnote [4)] bestätigt außerdem, daß die ganze Rechnerei reinster Betrug ist, denn der Einfluß der kurzwelligen Solarstrahlung muß immer berücksichtigt werden, sonst ist der Kunde der Dumme.

Zu dieser Formel (36) ist außerdem zu sagen:
Der ( ) Ausdruck enthält den Strahlungsgewinn ($\alpha \cdot I_S$) und den Strahlungsverlust ($F_f \cdot h_r \cdot \Delta\vartheta_{er}$), jeweils in W/m². Bilanziert wird die Strahlungs-Differenz von Gewinn und Verlust. Dies widerspricht zwar der Fußnote [4)], denn dort wird ja jeglicher Einfluß kurzwelliger Sonnenstrahlung auf Außenflächen vernachlässigt, doch was wird nicht alles in den DIN-Normen so zusammengeschrieben.

Bei der Formel (36) sind nun folgende Fehler und Widersprüche anzumerken:

- Beim Strahlungsgewinn ($\alpha \cdot I_S$) wird die senkrecht wirkende Globalstrahlung I_s gewählt! Richtig wäre die Strahlung senkrecht zur Wand. Hier ergeben sich gerade im Winter bei tief liegender Sonne energetische Einstrahlungsunterschiede gegenüber der Globalstrahlung zwischen 45 und 120 %.
- Beim Strahlungsverlust ($F_f \cdot h_r \cdot \Delta\vartheta_{er}$) kann im Ausdruck $\Delta\vartheta_{er}$, (das ist die Temperaturdifferenz zwischen der Umgebungsluft (Außenluft) ϑ_e und dem Himmel $\vartheta_{Hi,}$) die Umgebungsluft und der Himmel, wie bereits oben festgestellt, nicht strahlen – dies wäre ein physikalisches Phänomen. Bei der Strahlung sind Lufttemperaturen Nonsens.
- Auch ist der äußere Abstrahlungskoeffizient h_r für Strahlung mit der Dimension W/m²K offensichtlich ein unausrottbares Hirngespinst, das in der Bauphysik überall herumgeistert. Strahlungsenergie in W/m² kann an die Luft überhaupt nicht übertragen werden.
- Außerdem wird durch den „Formfaktor" F_f nur bei der Wand der Strahlungsverlust halbiert ($F_f = 0{,}5$), beim Dach aber nicht. Diese Willkür bedeutet geistige Verwirrung, denn jede temperierte Fläche strahlt *ohne Formfaktor* nach den Gesetzen von **Max Planck** bzw. **Stefan** und **Boltzmann** allein nur von der Oberflächentemperatur abhängig, keineswegs aber von der Form.
- Die Strahlungsdifferenz aus Gewinn und Verlust in der Klammer in W/m² wird als Wärme über R_e (m²K/W) ausschließlich an die Außenluft abgegeben. Da es bei der Strahlung jedoch keinen Wärmeübergang von Körper zur Luft gibt, ist dieser Ansatz Nonsens. Da eine Abstrahlung keine Luft erwärmen kann, ist dies physikalisch reinste Phantasie. Der Irrtum lebt unbeirrt weiter.
- Da dieser Irrtum wohl unausrottbar ist, wird nun der äußere Wärmedurchlaßwiderstand R_e verwendet. Damit aber gäbe es keine „Energiebilanz" in der Dimension W/m². Insofern muß ein Kehrwert von R_e (m²K/W) ebenfalls Verwendung finden und da kommt der Wärmedurchgangskoeffizient U mit der Dimension W/m²K gerade recht. Der U-Wert verhindert damit eine Dimensionsblamage. Außerdem, und das ist wohl das Wichtigste, wird die Strahlungsbilanz damit rigoros fast zu einem Nichts heruntergerechnet.

- Die Strahlungsbilanz aus Gewinn und Verlust, der ( )-Ausdruck, suggeriert außerdem den physikalischen Unsinn, daß sich die „Strahlungsbilanz“ an der Oberfläche der Außenwand abspielt. Damit wird die immer vorliegende Erwärmung der Wand durch Absorption ignoriert, negiert und somit unterschlagen. Dies aber ist falsch. Durch absorbierte Solarstrahlung wird jeder Körper erwärmt, das ist unzweifelhaft fundiertes Erfahrungswissen.

Die Formel (36) ist somit ein zusammengewürfeltes und zusammengeschustertes Machwerk, führt damit zum ausgemachten „Rechensalat“ und bedeutet insofern die totale Verwirrung und Verdummung der Fachwelt.

Was kommt rechnerisch eigentlich als Ergebnis in etwa heraus?
Werden realistische Daten berücksichtigt, dann ergibt sich nach Formel (36):

(36) $$\phi'_s = 1{,}2 \cdot 0{,}04 \cdot \left(0{,}6 \cdot 50{,}7 - 0{,}5 \cdot 5 \cdot 0{,}93 \cdot 10\right) = 0{,}34 \quad \text{(W/m}^2\text{)}$$

Die Zwischenwerte sind:

(36) $$\phi'_s = 0{,}048 \cdot \left(30{,}42 - 23{,}25\right) = 0{,}34 \quad \text{(W/m}^2\text{)}$$

Kommentar:
Dieses Ergebnis ist als Strahlungsbilanz lächerlich wenig und zeigt, wie alles mit unlauteren Mitteln niedergerechnet wird; man beachte nur vor der Klammer den „Reduktionsfaktor 0,048“. Maßgebend für die vermeintliche Strahlungsbilanz ist zunächst der ( ) Ausdruck und hier mußte sogar getrickst und gemauschelt werden. Ohne den Formfaktor 0,5 würde der Verlust sogar größer sein als der Gewinn, die Strahlungsbilanz somit negativ werden. Würde dann noch zusätzlich nicht der „empfohlene“ äußere Abstrahlungskoeffizient h_r mit 5 W/m²K, sondern realistisch höher angesetzt werden, dann würde der Strahlungsverlust hier rein rechnerisch noch viel höher ausfallen. Solarenergie würde damit energetisch außerordentlich nachteilig und schädlich sein. Das aber wäre nun in der Tat ein schizophrenes Ergebnis, das zu auffällig wäre. Derartiger Unfug darf jedoch nicht offenkundig werden und so wird alles Rechnen in Programmen versteckt – hier benötigt man nur die Fertigkeit der Tastenbetätigung – und man ist „Experte“.

Die empfohlene Formel (36) liefert zu *geringe* Strahlungsgewinne (keine Absorption durch Solarstrahlung), *fragwürdige* Strahlungsverluste (Formfaktor F_f und äußerer Abstrahlungskoeffizient h_r) und eine dubiose „Endverwertung (äußerer Wärmedurchlaßwiderstand R_e in m²K/W und Wärmedurchgangskoeffizient U in W/m²K). Die Formel (36) ist ein Hirngespinst – hier stimmt wirklich nichts.

Dieser pseudowissenschaftliche Quatsch wird nun noch in DIN-Normen verankert, nur um auch etwas über die „Nutzung von Solarenergie“ von sich zu geben. Statt dessen sollten einmal folgende Überlegungen angestellt werden, damit tatsächlich effizient und vorteilhaft Solarstrahlung genutzt werden kann.

Eine Wand absorbiert Solarstrahlung und wird dadurch erwärmt. Wichtig wird nun eine geringe Wandabstrahlung durch Niedrighalten der äußeren Wandoberflächentemperatur. Dies aber wird nur durch eine ausreichende Speichermasse erreicht, da die absorbierte Energie dann nach innen geleitet wird, dort gebunkert werden kann und somit zu niedrigen Oberflächentemperaturen führt. Dies bedeutet, daß speicherfähige Massivwände für die Energiebilanz der Strahlung vorteilhaft sind.

Wärmedämmverbundsysteme dagegen sind energetisch nachteilig. Weil bei einem WDVS die Wärmedämmung das direkte Speichern durch die eventuell dahinter liegende Speichermasse beeinträchtigt und damit sehr hohe Oberflächentemperaturen aufweist, wird von der auftreffenden Strahlung wenig absorbiert, aber viel emittiert. Die sehr aufgeheizten dünnen Putzschalen strahlen enorm ab. Ein Wärmedämmverbundsystem ist dadurch recht energieverschwendend. Die große Abstrahlung führt sogar zur nächtlichen Unterkühlung der Außenoberfläche und damit zur Kondensatbildung – und dies hat Algenbildung zur Folge.

4.7 Absurde Randbedingungen

Die etablierte Strahlungsphysik lebt vom Irrtum. Insofern geht sie unbeirrt davon aus, daß für die Beschreibung von Strahlung der Strahlungsaustausch maßgebend ist. Dieser aber benötigt immer zwei strahlende Flächen. Abgesehen von dem Fehler, nun auch der Luft oder dem Himmel Strahlungsfähigkeiten zuzuschreiben, ist man genötigt, immer nach einer notwendigen „Gegenstrahlung" zu suchen und hier wird nun kräftig phantasiert.

In [Gertis 82] heißt es dazu: *„Der strahlungsbedingte Anteil α_S hängt von der Emissionszahl und Temperatur jenes Partners ab, mit dem die Bauteiloberfläche im langwelligen Strahlungsaustausch steht. Auf der Außenseite des Bauteils steht die terrestrische Umgebung bzw. die Atmosphäre mit dem Bauteil im langwelligen Austausch."* Mit der Atmosphäre (atmosphärische Gegenstrahlung) ist der Himmel bzw. die „Himmelstemperatur" gemeint. Auch diese übt offensichtlich eine magische Anziehungskraft aus, wenn es gilt, Strahlungsdifferenzen zu erfinden.

Bei der Behandlung des äußeren Abstrahlungskoeffizienten h_r (großer physikalischer Unsinn) heißt es in der DIN EN 832, Anhang D.5, analog zur Formel (28d):

$$h_r = 4 \cdot \varepsilon \cdot \sigma(\vartheta_{ss} + 273)^3 \qquad \text{(28e)} \qquad (\mathrm{W/m^2K})$$

h_r = äußerer radiativer Abstrahlungskoeffizient (W/m²K)
ε = Emissionsgrad der Oberfläche (-)
σ = Stefan-Boltzmann-Konstante ($5{,}67 \times 10^{-8}$ W/m²K^4)
ϑ_{SS} = arithmetisches Mittel aus Oberflächentemperatur ϑ_{se} und Himmelstemperatur ϑ_{Hi} (°C)

Kritische Anmerkung:
Das in der Formel (28d) enthaltene T_m, festgelegt gemäß Formel (30) als die mittlere Temperatur zweier Strahlflächen T_1 und T_2 , dann nach DIN EN ISO 6946 gemäß Formel (32) definiert als die mittlere thermodynamische Temperatur der Oberfläche und ihrer Umgebung, wird hier in der Formel (28e) nun zum arithmetisches Mittel aus Oberflächentemperatur und Himmelstemperatur. Die Strahlflächentemperatur T_2 wird so zur Umgebungstemperatur und dann sogar zur Himmeltemperatur umgewandelt. Strahlfläche, Umgebung (z. B. die umliegenden

Gebäude) und Himmel sind jedoch völlig unterschiedliche Dinge, eine Gleichsetzung charakterisiert deshalb oberflächliches Denken.

Für ϑ_{ss} in der Formel (28e) kann per Definition geschrieben werden:

(37) $$\vartheta_{ss} = \frac{\vartheta_{se} + \vartheta_{Hi}}{2} \quad (°C)$$

Hierzu heißt es in der DIN EN 832: *„In der ersten Näherung kann h_r* (Formel 28e) *mit 5ε angenommen werden, was einer Durchschnittstemperatur* ***ϑ_{ss}*** *von* ***10*** *°C entspricht".* Dies steht auch in der DIN V 4108, Teil 6 -1999. Allerdings ergibt sich bei dieser Vorgabe im Gegensatz dazu ein **ϑ_{ss}** von **7,4** °C. Sogar simple Rechenfehler werden in der Norm präsentiert – blamable Stümper, die hier zu Werke gehen.

Die Temperaturdifferenz $\Delta\vartheta_{er}$ beim "Strahlungsverlust" in der Formel (36) wird:

(38) $$\Delta\vartheta_{er} = \vartheta_{e} - \vartheta_{Hi} \quad (K)$$

Hier heißt es in der DIN EN 832: *"Der Unterschied* ***$\Delta\vartheta_{er}$*** *zwischen der Temperatur der Umgebungsluft und der Himmelstemperatur wird in Übergangszonen mit* ***10 K*** *(in Nordeuropa dann 9 K, im Mittelmeergebiet 11 K) angenommen."* In der DIN V 4108, Teil 6 -1999, steht dies ebenfalls.

Aus den beiden Formeln (37) für ϑ_{ss} und (38) für $\Delta\vartheta_{er}$ wird die nicht faßbare und willkürlich als „Gegenstrahlung" angenommene Himmelstemperatur ϑ_{Hi} eliminiert, um diesen mystischen Gegenstand auszuschalten. Daraus resultiert dann eine Funktion, die in ihrer Aussagekraft glattweg absoluter Nonsens ist!

(39) $$\vartheta_{e} + \vartheta_{se} = 2 \cdot \vartheta_{ss} + \Delta\vartheta_{er} \quad (°C)$$

Für d_{ss} = 10 °C (7,4 K) und $\Delta\vartheta_{er}$ = 10 K (für die Übergangszone) wird dann:

(39a) $$\vartheta_{e} + \vartheta_{se} = 30(bzw. 24{,}8) \quad (°C)$$

für Nordeuropa gilt: $\vartheta_e + \vartheta_{se}$ = 29 (bzw. 23,8) °C
für das Mittelmeergebiet gilt: $\vartheta_e + \vartheta_{se}$ = 31 (bzw. 25,8) °C

Ein solches Ergebnis aber ist völlig absurd. Die Summe aus Außenlufttemperatur ϑ_e und Außenoberflächentemperatur ϑ_{se} ist stets und immer konstant. Diese Konstanz bedeutet den kompletten Schwachsinn, ist absoluter Unfug!

Hier muß an die Fußnote [4)] in der DIN EN ISO 6946, Anhang A, erinnert werden, die die Gleichheit von Außenlufttemperatur und Außenoberflächentemperatur ja proklamiert. Hier aber soll nun die Summe beider Temperaturen plötzlich konstant sein! Konfuser kann sich Bauphysik mit derartigem Unsinn nicht gebärden.

Kopf- und Geistlosigkeit triumphieren

Die "Festlegungen" in der Norm mit den vorgeschlagenen Temperaturen bzw. Temperaturdifferenzen sind willkürlich festgesetzte Phantomwerte und entbehren jeglicher sachlichen Grundlage; sie sind irreal.

Dies zeigt grafisch und beispielhaft auch das Bild 16.

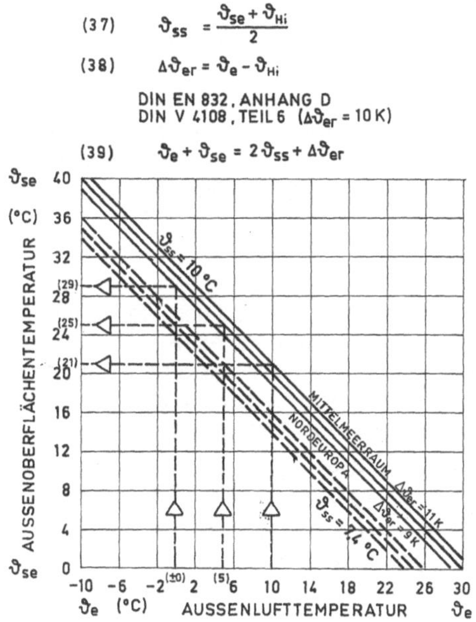

Bild 16:
In unseren Breitengraden führt eine durchschnittliche Außenlufttemperatur in der Heizperiode von z. B. +5 °C zu einer durchschnittlichen Außenoberflächentemperatur von +25 °C. Dies wäre eine tolle Sache, denn dann wäre Heizen überflüssig.
In Nordeuropa bedingt eine kältere Außenluft von z. B. ±0 °C eine wärmere Oberflächentemperatur von +29 °C. Hier herrschen also noch günstigere Verhältnisse.
Im Mittelmeergebiet dagegen würde eine wärmere Außenluft von ca. +10 °C eine kältere Oberflächentemperatur von +21 °C nach sich ziehen!!!

Bild 16: Absurde Temperaturfestlegungen

In der DIN EN 832 wird damit die Logik außer Kraft gesetzt. Bei kälterem Klima ergeben sich wärmere Außenoberflächentemperaturen, bei wärmerem Klima ergeben sich kältere Außenoberflächentemperaturen. Mit derartigen genialen Normvorgaben würden sich hervorragende Außenoberflächentemperaturen einstellen, die das Heizproblem für immer lösen würden.

Aber leider muß auch hier festgestellt werden:

Das Absurde, das Chaotische und der Nonsens triumphieren;
Wirrwarr in Reinkultur, hervorgerufen durch Einfalt und Naivität.

Bei einer derartigen Handhabung von Normen entsteht das vollkommene Chaos. Aber was wird nicht alles in DIN-Normen an Unfug von der "etablierten Bauphysik" so präsentiert – Naive Laien und eitle Hörige sind in ihrer grenzenlosen Wissenschaftsgläubigkeit jedoch fasziniert von all diesem technischen Humbug.

Glaube jedoch ersetzt kein Wissen.

Hier wird durch den Normen-Ausschuß nicht nur Unwissen, sondern auch Unfähigkeit dokumentiert. Der wortwörtliche Ausschuß wurde wieder einmal tätig.

Aber was viel bedeutsamer ist: Mit diesen fehlerhaften Festlegungen und Vereinbarungen werden Berechnungen durchgeführt, die die Strahlung im allgemeinen und Strahlungsheizungen im besonderen schlußendlich niederrechnen und, wenn sie dann tatsächlich eingebaut werden, damit überdimensionieren. Der Kunde bezahlt somit für eine zu groß ausgelegte Heizanlage, die die Verdienstspanne ungemein vergrößert; die Abzockerei blüht und gedeiht.

Gerade bei Investitionen für Strahlungsheizungen besteht deshalb immer die Gefahr, daß zu teure Anlagen verkauft werden. Insofern wird beim Einbau einer Strahlungsheizung sehr leicht zum Wohl des Unternehmens die Gewinnmaximierung im Vordergrund stehen, wogegen die Industrie sicher nichts einzuwenden hat. Sie kann sich mit dem Hinweis auf bestehende Normen ja rechtfertigen und herausreden. DIN ist ja auch ein privatrechtlicher Verein der Wirtschaft.

4.8 Vertraute Querschüsse

Das Strahlungsthema beunruhigte die Gemüter ungemein. Auch die Veröffentlichung „Die Behaglichkeits-Maxime; Strahlungsheizung als Alternative zur Konvektionsheizung“ in B+B 7/2004 [Meier 04a] rief die Kritiker in Form von Leserbriefen auf den Plan und zu den Waffen. Immer wieder müssen bei „ungeliebten und unbequemen Aussagen“ vertraut gewordene Querschüsse registriert werden.

Nach dieser Veröffentlichung erschienen in B+B verschiedene Äußerungen, die die unhaltbaren Vorstellungen in der Heizungsbranche über Strahlung zu verteidigen versuchten und die in Ermangelung sachgerechter Gegenargumente deshalb, wie stets, durch abfällige Bemerkungen, lächerliche Behauptungen und Albernheiten, aber auch durch Verunglimpfungen glänzten. Dies aber wirft ein bezeichnendes Licht auf das Wissen in der Branche – es ist äußerst blamabel.

Die Irrtümer, Fehlspekulationen und falschen Schlußfolgerungen werden detailliert in den Abschnitten 4.1 bis 4.7 erläutert, insofern kann sich der Leser zu den Äußerungen der einzelnen Kritiker selbst ein Bild machen. Die Dokumentation des Disputs verdeutlicht damit das allgemein verbreitete Unwissen über die Wirkungsweise einer Strahlungsheizung. Die Entgegnungen auf diese Kritiken waren eindeutig, meine Aussagen sind nicht widerlegt worden.

Da es sich beim Buch „Phänomen Strahlungsheizung“ um grundsätzliche Fachaussagen handelt, die die Strahlungsheiztechnik endlich auf eine fundierte Basis stellen, wird es wichtig, das Palaver und Gezeter für jeden Leser nachvollziehbar zu präsentieren. Hier einige besonders markante Querschüsse:

1) **Kritik** in **B+B 1/05**:

a) Von M. Reick, Büro für Bauphysik, Essen:
„Wieder überrascht der Stadtplaner Meier mit einem neuen Aufsatz. Und wieder ist dieser gespickt sowohl mit alten Fehlern (Hohlraumstrahlung), als auch mit neuen. So behauptet Herr Meier nun, die Gesamtwärmeabgabe von Heizfläche bzw. Heizrohr sei in Wirklichkeit viel größer als in der Heiztechnik bisher angenommen, weil deren ‚radiative Wärmeleistung' viel größer sei. Aber obwohl seine Behauptung, träfe sie zu, die Physik revolutionieren würde, kann er zum Beweis ihrer Richtigkeit keine nachvollziehbare Messung vorlegen. Stattdessen begnügt er sich damit, die Formeln (1) bzw. (5) zu zeigen und rechnerisch auszuwerten (Dies sind die Formeln (7a) auf Seite 34 und (10) auf Seite 37, jedoch jeweils für die unpolarisierte Strahlung, also ohne den Faktor 2). *Diese Formeln sind zwar*

nett anzuschauen, Nur sind sie leider falsch. Denn er berücksichtigt darin ausschließlich die Wärmeabstrahlung. Die Wärmezustrahlung aber, die Heizfläche bzw. Heizrohr aus einem immerhin 280 bis 290 Kelvin warmen Wohnraum erfahren, bleibt unberücksichtigt. Aufgrund dieses Fehlers erhält Meier auf dem Papier fantastisch hohe Gesamtwärmeabgaben. Aber derart hohe Werte findet man in der Realität nicht vor, da dort die Gesamtwärmeabgabe stets durch die Wärmezustrahlung gemindert wird."

b) Von J. Götsche, Solar-Institut Jülich:
„Grundsätzlich stimme ich dem Vorzug von Strahlungsheizung gegenüber Luftheizung zu. Leider vernachlässigt Herr Meier in seinen Betrachtungen, dass alle Objekte in einem Raum auch selbst Wärmestrahlung abgeben, die Wärmeabgabe durch Strahlung also aus einer Netto-Strahlungsbilanz resultiert."

Dann werden in dem Leserbrief die fälschlich als richtig angesehenen Formeln für den Strahlungsaustausch und die daraus abgeleiteten Formeln angegeben. Deshalb heißt es dann auch abschließend:

„Damit kann der strahlungsbedingte Wärmeübergangskoeffizient hr in diesem Temperaturbereich maximal 5,67 W/m²K betragen. Damit ergeben sich viel geringere Strahlungsanteile als im genannten Artikel dargestellt. Schade eigentlich."

Kommentar: Die Bezeichnung Hohlraumstrahlung wurde bei den Experimenten und Messungen von Max Planck verwendet. Ich unterstelle Max Planck nicht, Fehler gemacht zu haben. Da die Heiztechnik den grundsätzlichen Denkfehler macht, den Strahlungsaustausch als Strahlungsleistung anzusehen, ergeben sich hier fatale Unterschiede. Man bedenke nur: Bei zwei gleichstrahlenden Flächen ist der Strahlungsausgleich zwar Null, aber nicht die Strahlungsleistung. So einfach ist das mit der Mathematik und der Logik. Mit dieser Feststellung revolutioniere ich nicht die Physik, sondern eher die eingefahrenen Denkschemen ambitionierter Bauphysiker. Das aber mißfällt den mit dieser Materie befaßten Leuten. Der Hinweis auf den niedrigen „Wärmeübergangskoeffizient" für Strahlung ist ein grundsätzlicher Fehler – so etwas kann es physikalisch überhaupt nicht geben.

Erwiderung zu **1)** in **B+B 2/05**:

a) Von Konrad Fischer, Architektur- und Ingenieurbüro Hochstadt a. Main: „Wieder einmal gibt es ‚Kritik' an den wissenschaftlich begründeten Positionen Prof. Claus Meiers. ... Ich verwende die Meierschen Korrekturen in den von mir seit über 10 Jahren geplanten, berechneten und ausgeführten Temperierheizungsanlagen als Planungsgrundlage. Die Meierschen Korrekturen betreffen dabei sowohl die für die Bausubstanz angesetzten U-Werte wie auch die Heizleistung der Wärmestrahlflächen. Im Ergebnis reduzieren die nach Meier verbesserten Rechenansätze den Technik- und Kostenaufwand. Es genügen eben weniger Heizflächen und geringere Kesselleistung, als die übliche Normrechnung vorspiegelt, um den erforderlichen Raumwärmebedarf mit Strahlungsheizsystemen zu gewährleisten. Auf den Verbau von nur angeblich dämmenden Schäumen und Gespinsten an Dach und Fassade können wir dabei ganz verzichten. Meine Bauherren sparen dadurch sowohl Bau- wie auch Betriebskosten. Das genügt wenigstens aus meiner Sicht, für künftige Projekte ebenfalls Meiers praxisbewährte

Bauphysik zu nutzen – selbst wenn das die honorarfähigen Baukosten schmälert. Die hartnäckig unbelehrbare und kostenexplosive Normentheorie wird das nicht so schnell ändern. Auch ein Galilei brauchte ja etwas Zeit, um die etablierte Froschperspektive abzuservieren."

b) Vom Autor wurde unter anderem erwidert:
„Fundierte Widerlegungen meiner Aussagen liegen nicht vor, selbst renommierte Professoren waren dazu nicht in der Lage" und „Es sei an Johann Wolfgang von Goethe erinnert, der sagte: „Es ist ganz einerlei, ob man das Wahre oder das Falsche sagt: Beiden wird widersprochen." Nach umfassenden Erläuterungen über die Irrtümer in der Heizungsbranche (das wären hier dann die Abschnitte 4.1 bis 4.5) wurde geschrieben: „Nach dieser grundsätzlichen Klarstellung sind die oben genannten Leserbriefe ein kläglicher Versuch, hier zu retten, was schon längst verloren ist – nämlich den kapitalen Irrtum, die numerische Festlegung von Wärmeleistung bei Strahlungsheizungen ungeschehen machen zu wollen. Es ist immerhin interessant, daß dieser Irrtum so lange Bestand hat. Bei der Strahlung muß man umdenken, nicht um sich schlagen; Einsicht ist gefragt, nicht Einspruch. Zur Aufmunterung sei ein chinesisches Sprichwort erwähnt: „Die Wahrheiten, die wir am wenigsten gern hören, sind diejenigen, die wir am nötigsten kennen sollten."

2) Kritik daraufhin in **B+B 4/05**:

a) Von M. Reick, Büro für Bauphysik, Essen:
„'Grau, treuer Freund, ist alle Theorie' – dieses geflügelte Wort des Dichters und Naturforschers Goethe gilt für viele Theorien. Insbesondere aber gilt es für die Strahlungstheorie des Stadtplaners Meier. Die zahlreichen, fundierten und zum Teil mit Messwerten untermauerten Hinweise auf die Fehler und Widersprüche in seiner Theorie scheint Herr Meier gar nicht wahrzunehmen. Unbeeindruckt zitiert er seine eigenen fehlerhaften Werke, postuliert auf Grund falscher Bilanzierung unter Punkt 2 bis 5 neue Absurditäten und klopft chinesische Sprüche (Diese Argumente werden im Kapitel 4.3 „Fataler Denkfehler" aufgeführt). *Jedoch entscheiden weder Selbstzitate noch Sprichworte darüber, ob eine Theorie richtig oder falsch ist. Dies kann nur durch ein Experiment entschieden werden, wozu ich Herrn Meier hiermit öffentlich auffordere. Wenn Herr Meier die Durchführung des Experiments ablehnt oder dessen Ergebnis ignoriert, kommt das einem Eingeständnis seines strahlungsphysikalischen Irrtums gleich."*

b) Von K.H. Spandauer:
„Die jüngsten Ausführungen, in Form von Leserbriefen von Claus Meier und Konrad Fischer veröffentlicht, sind so abstrus, dass ich es für angebracht hielt, diese mit einem kleinen Experiment für jeden nachvollziehbar zu widerlegen."

Die in [Meier 04a] angegebene Wärmeleistung eines Heizrohres von 33,3 W/m (radiativ 26,8 W/m und konvektiv 6,5 W/m) wird von ihm experimentell überprüft mit dem, wie er schreibt, verblüffenden Ergebnis, daß „zur Erwärmung" des Heizrohres nur 14,6 W/m benötigt wurden. Nach VDI 2055 seien nur 12,2 W/m notwendig. Über dieses Ergebnis schreibt er dann:

„Woran liegt's? Habe ich ein Zauberrohr gebaut, mit dem ich Energie sparender heizen kann, als es der Herr Professor vermag? Nein, die Erklärung ist viel einfa-

cher. Prof. Meiers Aussage über die Heizleistung ist schlichtweg falsch. Er unterschlägt die Zustrahlung aus dem Raum auf das Heizrohr und errechnet daher eine viel zu hohe Heizleistung. Seine Aussage ist also eine Falschaussage. Richtig hingegen ist seine Aussage über den Irrtum. Der hat tatsächlich Konjunktur. Insbesondere bei seiner eigenen „Strahlungsforschung'".

Kommentar: Goethe sagte auch: „Der Irrtum wiederholt sich immerfort in der Tat. Deswegen muß man die Wahrheit unermüdlich in Worten wiederholen." Goethe spricht von Worten, nicht von Messungen. Diese nämlich orientieren sich stets an den Meßregeln von Konvektionsheizungen und sind deshalb für Strahlungsheizungen nicht anwendbar. Das vorgeschlagene Experiment wird hinfällig, da allein die Logik die Fehlerhaftigkeit der in Theorie und Praxis verwendeten Formeln offenkundig macht. Die abschließende Bemerkung: *„Wenn kein Experiment, dann sei ich widerlegt"*, grenzt an blamable Naivität. Auch in diesem Leserbrief wird keineswegs widerlegt, sondern lediglich mit argumentativer Oberflächlichkeit operiert. Man versucht, vom eigentlichen Thema abzulenken.

Eine zugeführte Wärmeleistung ist nicht gleichbedeutend mit einer abgegebenen Wärmeleistung (radiativ und konvektiv), zumal hier vor allem die radiativen Anteile dominant sind. Insofern muß doch ernsthaft geprüft werden, ob es sich bei der Strahlungsheizung nicht doch vielleicht um ein „Zauberrohr" handelt. Die Erfahrung zeigt jedenfalls, daß eine Strahlungsheizung „sehr wirkungsvoll" ist. Spandauers Erklärung für diesen Umstand dokumentiert jedoch sehr deutlich seine Denkweise, bei der Strahlungsleistung stets vom Strahlungsaustausch, also von der Differenz, ausgehen zu müssen, was jedoch absurd ist. Wie gesagt: Wenn Abstrahlung und Zustrahlung gleich groß wären, ergäbe sich eine Wärmeleistung von Null, wenn der „Strahlungsaustausch" zugrunde gelegt wird.

Erwiderung zu **2)** daraufhin in **B+B 5/05**:

a) Von Konrad Fischer, Architektur- und Ingenieurbüro Hochstadt a. Main:
Bezüglich der Energieverbrauchsdaten beim Schloß Veitshöchheim wird gesagt: „Ergebnis nach zwei Jahren Betrieb und Abrechnung: Die Temperierung heizt um circa. 60% günstiger als nach Norm unter den gegebenen Voraussetzungen und Temperaturbedürfnissen – ganz anders als in den sogenannten Passiv- und Niedrigenergiehäusern. Und zwar dank Massivbau, Einfachfenster und Strahlungsprinzip, die in der Norm eben fehlbewertet werden.

b) Vom Autor wurde unter anderem geschrieben:
„Die Kritiker in B+B 4/05 glauben offensichtlich die Aufgabe übernehmen zu müssen, im Namen der „Energiesparer" und „Bauphysiker" den nachweisbaren und nachvollziehbaren Widersprüchen in der Bauphysik Paroli zu bieten. Dies allerdings geschieht in ungenügender Form, denn keine meiner Aussagen wird widerlegt." Und weiter: „Meine Aussagen sind keine „Strahlungsforschung", sondern schlichtweg normales logisches Denken, Protest-Geschrei hilft da wenig weiter."

3) **Kritik** wiederum in **B+B 6/05**:

a) Von M. Reick, Büro für Bauphysik, Essen:

„Beruhigt nehme ich zur Kenntnis, dass sich der Stadtplaner Meier per Leserzuschrift weigert, das von mir in B+B 4/05 vorgeschlagene Experiment zur Verifizierung seiner Strahlungstheorie durchzuführen. Neben den in Heft 1 und 4 gezeigten theoretischen und experimentellen Befunden ist sein Kneifen der endgültige Beweis dafür, dass seine Strahlungstheorie falsch ist. Man darf nunmehr also wieder zur Tagesordnung übergehen.“

Kommentar: In wissenschaftstheoretischen Fragen ist Herr Reick ein Laie. Nach Karl-Raimund Popper kann eine Aussage nicht verifiziert, sondern nur falsifiziert werden. Also habe nicht ich die Richtigkeit, sondern er den Irrtum meiner Aussagen zu beweisen. Dies aber ist bis jetzt nicht geschehen. Die Schlußfolgerung, die Weigerung, ein Experiment durchzuführen, sei der Beweis für meinen Irrtum, ist deshalb aberwitzig.

b) Von K.H. Spandauer:

„Prof. Meier macht in seiner letzten Zuschrift deutlich, wie sehr es ihm an physikalisch fundierten Argumenten für seine abstrusen Behauptungen mangelt. Meiner Rohrmessung hat er nichts entgegen zu setzen, vor der Strahlplattenmessung drückt er sich und Stefans T^4*- Differenz gibt er vor, erst gar nicht zu verstehen. Stattdessen raunt er nun geheimnisvoll von einem Heizrohr, das womöglich mehr Energie abgibt als man ihm zuführt. So etwas aber nennt man Perpetuum mobile. Und jedes Kind weiß, dass so etwas nicht funktioniert.“*

Und weiter: *„Di Trocchio beschreibt die deduktive Methode, nach der Meier vorgibt zu ‚forschen'. Demnach besteht sie aus ‚dem kombinierten und umsichtigen Einsatz von Beobachtung, Logik, Mathematik und Experiment'.“*

Und etwas später schreibt er: *„Insbesondere wenn man bedenkt, dass Meier seine Aussagen für unwiderlegt, mitunter sogar für unwiderlegbar hält. Nach ähnlich abstrusen Falschbehauptungen und diversen korrigierenden Leserbriefen verkündete er im Deutschen Ingenieurblatt 9/1999: ‚Meine speziellen Aussagen sind deduktiv erarbeitet, also mathematisch gefunden und demzufolge nach allgemeiner Auffassung der Wissenschaftstheorie nicht widerlegbar'. Seltsam, dass es ihm trotz dieser Unwiderlegbarkeit noch nicht gelungen ist, Energie aus dem Nichts herbeizuzaubern. Oder einen kalten Raum mit Heizrohren und Strahlplatten, die genauso kalt wie der Raum sind, aufzuheizen.“*

Kommentar: Da die Wärmeleistungszahlen des Stefan-Boltzmannschen Gesetzes größer sind als die von Spandauer „gemessenen“ zugeführten Leistungen, zeigt doch nur, daß die an Konvektionsheizungen sich orientierenden Meßmethoden nicht anwendbar sind. Immerhin werden doch von anerkannten Prüfinstituten Leistungswerte „gemessen“, die sich (fast) proportional zur „Übertemperatur“ verhalten. Das aber ist ausgemachter Unsinn. Deshalb nun von einem „Perpetuum mobile“ zu sprechen, ist äußerst fatal.

Die deduktive Methode ist die einzige, die nachweisbar unwiderlegbare Aussagen ermöglicht. Wenn bei der Deduktion *Beobachtung, Logik, Mathematik und Experiment* zum Ergebnis führen, dann zeigt bereits die Beobachtung, daß eine Strahlungsheizung äußerst energieeffizient arbeitet, besser als man bisher angenommen hat. Logik und Mathematik verdeutlichen die Schwachpunkte bisheriger Strahlungsvorstellungen. Experimente aber werden mit Meßmethoden durchgeführt, die für eine Konvektionsheizung gelten. Bei dieser Sachlage bleibt nichts anderes übrig, als sich der Beobachtung, der Logik und der Mathematik zuzuwenden – und hier ist das Ergebnis eindeutig.

Erwiderung wiederum zu **3)** in **B+B 7/05**:

a) Von Konrad Fischer, Architektur- und Ingenieurbüro Hochstadt a. Main: „Zum Verwirrspiel rund um den Energieverbrauch des nach meiner Planung temperierten Schlosses Veitshöchheim zitiere ich aus der erwähnten Webseite: www.konrad-fischer-info.de/7temper.htm und sage: Gerechnet wird mit den im Objekt angewendeten Regelvorgaben für den Heizbedarf. Dieser ist in musealen Räumen tatsächlich niedriger als in den Wohn- und Arbeitsbereichen.

Im Klartext: Immer ist der objektbezogene Temperaturbedarf Grundlage der Betrachtung. In dem Berechnungsgang nach Norm können durchaus beliebige – und damit auch niedrigere – Temperaturdifferenzen als im Wohnhaus und verschiedene U-Werte zur Ermittlung des Energiebedarfs eingesetzt werden. Der Vergleich zwischen berechneter und verbrauchter Heizenergie betrifft also selbstverständlich identische Temperaturanforderungen bei dann unterschiedlichen U-Wert-Ansätzen."

b) Vom Autor wurde dann unter anderem erwidert: „Mein Text bleibt auch weiterhin bestehen, da nichts davon widerlegt wurde – und auch nicht widerlegt werden kann, denn Physik bleibt Physik." Nach Erläuterungen der Wirkungsweise einer Strahlungsheizung und der Empfehlung an die Kritiker, die Fachliteratur zu studieren, die die elementaren Grundlagen der Strahlungsphysik als unbestrittene Fakten enthält, wird geschrieben: „Wenn nun auch noch Di Trocchio zitiert wird, dann ist dazu anzumerken, daß bei der deduktiven Methode die Reihenfolge Beobachtung, Logik, Mathematik und zu allerletzt das Experiment genannt wird. Erst müssen die drei ersten Phasen umsichtig bearbeitet und abgeschlossen sein, ehe das Experiment an der Reihe ist. Aber schon die ersten drei Kriterien versagen ja doch bei der Beurteilung und Bewertung der „offiziellen" Strahlungspraxis, das Experiment kann da wirklich nicht aus der Sackgasse helfen."

4) **Kritik** schlußendlich in **B+B 1/06** von K.H. Spandauer:

„Seine erneut aufgestellte Behauptung, statt der Differenz müsse die Summe der emittierten Strahlung ermittelt werden, ist nach wie vor falsch."

Kommentar: Es ist eine Frage der Logik, daß die „Differenzbildung" zwar den Strahlungsausgleich beschreibt, aber keineswegs die Strahlungsleistung. Dies ist der fundamentale Irrtum der Heizungsbranche.

Erwiderung zu **4)** in **B+B 2/06** vom Autor unter anderem:

„Die Penetranz, mit der meine Kritiker auf ihren fehlerhaften Vorstellungen beharren, ist beängstigend. Fachlich-sachlich ist bereits alles gesagt. Ratzinger spricht sogar von der „Pathologie der Wissenschaften", krankhaft ist demzufolge dann auch das Denken, Handeln und Argumentieren solcher auf Nörgelei oder Standpunkt-Beharrung ausgerichteten Leute.

Warum ist dies so?

a) Rietschels Lehrbuch erläutert im Abschnitt „Wärmeübertragung durch Strahlung“ das Emissionsvermögen schwarzer und grauer Strahler eindeutig proportional zur vierten Potenz der absoluten Temperatur. Das ist durchaus richtig, daran gibt es keinen Zweifel. Dies aber sage ich seit jeher: $E \sim T^4$.

b) Erst im Abschnitt „Strahlungswärmeaustausch“ erscheint bei Rietschel die bekannte „Differenzformel“. Ein Strahlungswärmeaustausch (Differenz) aber ist nicht identisch mit der Strahlungsleistung (Summe). Dies ist die fehlerhafte Schlußfolgerung der Heizungsbranche.

c) Wenn die Überlegungen zur Strahlungsleistung von keinem der von mir genannten vier Fachbücher gestützt wird (Cziesielski, Glück, Raiß, Tipler), so bedeutet dies doch nicht, daß meine Schlußfolgerungen falsch sind; sie bestätigen eigentlich nur, daß andere die in der Fachwelt vorliegenden „Falschaussagen“ gedankenlos übernehmen. Ich zitiere sie ja deshalb als Beispiel „fehlerhafter“ Aussagen. Wenn Tipler nun anstelle von Strahlungsausgleich von „Nettostrahlungsleistung“ spricht, dann deutet er damit schon an, daß hier etwas sehr bedenklich, also bedenkenswert ist. Nur löst er mit dieser Umbenennung nicht das Dilemma. Nicht „Netto“, sondern die „Bruttostrahlungsleistung“ ist doch immer maßgebend – und das ist halt die Summe. Die verbalen Albernheiten übergehe ich. Bei dem Disput geht es doch ausschließlich um die Begriffe „Strahlungsaustausch“ und „Strahlungsleistung“. Bei der Bruttostrahlungsleistung aber versagt die in der Heizungsbranche stets verwendete „Strahlungsaustauschformel“.
Die Irrwege in der quantitativen Bewertung von Strahlungsheizungen charakterisiert sehr deutlich auch die hierfür verwendete Formel, die die Leistung von der „Übertemperatur“ abhängig macht $E \sim (\Delta t)^n$. Dies aber ist „klassische Wärmelehre“, die bei der Strahlungsphysik nicht anwendbar ist.“

Die Zensurbehörde greift ein:

Alle diese querschießenden Leserbriefe sind sachgerecht und überzeugend widerlegt worden. Die beschämende Folge war: Diese Auseinandersetzung führte nun auch dazu, daß Beiträge in B+B weiterhin zu veröffentlichen nicht mehr möglich ist; der Redaktion wurde ein Aufpassergremium, ein sogenannter dreiköpfiger „Redaktionsbeirat“, zugeordnet, der dafür zu sorgen hat, daß „die richtigen“ Beiträge veröffentlicht werden – meine Beiträge und auch die von Herrn Fischer gehören jedenfalls nicht mehr dazu, sie werden nicht mehr zugelassen. Dies erinnert an glorreiche Stasi-Zeiten. Ein wichtiges Manuskript über Strahlungsheizung liegt seit dieser Zeit in der Redaktion und bleibt somit unveröffentlicht. So werden unbequeme Zeugen von Betrug und Lüge in Wissenschaft und Wirtschaft aussortiert, sie werden wie im Mittelalter als Häretiker verfemt und ausgeschaltet.

Das traurige Fazit ist:

Es ist erstaunlich, wie sich etablierte Fachleute beharrlich an alte eingefahrene Gleise einer Heiztheorie, die für eine Strahlungsheizung nachweislich fehlerhaft und falsch ist, klammern. Die Folge ist ein langwieriges und zermürbendes Hin und Her, wie es hier für jedermann nachvollziehbar dokumentiert ist. Der einzige Ausweg aus diesem chaotischen Zustand ist, auch und besonders in der Technik:

Denken und Nachdenken

Dies wird immer vordringlicher. Wie in [Ratzinger 05] heißt es deshalb auch hier:

Aber vielleicht kann dieses Buch das Denken voranbringen

In unserer ach so „fortschrittlichen" Gesellschaft wird immer wieder das Denken und Durchdenken durch ausgesprochen „nützliches Handeln" ersetzt. Wir erleben es auf jedem Gebiet: Überall wird, wenn das Denken unliebsame Konsequenzen einfordert, eine speziell dafür eingesetzte Zensur aktiv, die das einzige Ziel verfolgt, nur die wirtschaftlichen Interessen der etablierten Wirtschaftsverbände und Organisationen zu wahren und zu sichern. Die Wahrheit allerdings bleibt dann auf der Strecke, auf die wird wie immer generös verzichtet, wenn es vor allem um anrüchige Geschäfte und maximale Profite geht. Allerdings spielt auch die Blamage der beteiligten „Experten" eine entscheidende Rolle; Insofern ist von Einsicht dann meist wenig zu spüren, denn „Gesichtswahrung" hat oberste Priorität.

Resümee:
Die praktizierende Heiztechnik und die entsprechenden DIN-Normen berücksichtigen die Vorzüge einer Strahlungsheizung leider nicht. Im Gegenteil: Sie enthalten derart viele Fehler, so daß sie ein völlig falsches Bild von der Wirkungsweise einer Strahlungsheizung vermitteln. Es ist sogar damit zu rechnen, daß sich die Heizungsbranche vehement gegen eine technische Aufklärung wehrt. Immerhin werden damit weitverbreitete Irrtümer offenkundig – und das wirft dann auch ein blamables Licht auf das bisherige Agieren der Branche.

Es ist schlimm, wenn Sachargumente auf den Kopf gestellt und verdreht werden. Da es keine sachlichen Gegenargumente gibt, sind die Querschüsse unausgegoren, bissig und beleidigend. Obwohl der Artikel 5 des Grundgesetzes über die Meinungsfreiheit nach wie vor gilt, wird einer, der von der medienverursachten „veröffentlichten" Meinung, dem allgemein produzierten „mainstream", aus guten Gründen und berechtigt abweicht, als „Aussätziger" in konzertierten Aktionen verfolgt und bekämpft – er wird dann sogar, wenn nichts mehr hilft, auch für „unbekannt" erklärt, geschehen durch die Fachzeitschrift „Bauphysik".

4.9 Konsequenzen

Gerade die Theorie der Strahlung liefert genügend Ansatzpunkte, um über den Zustand der wissenschaftlich ausgerichteten Institutionen urteilen zu können. Es gilt die Frage zu beantworten: „Kann man vermeintlich wissenschaftlichen Aussagen trauen oder ist eine normale Skepsis angebracht"? Die beschämende Antwort ist: „Leider muß sich nach bisheriger Erfahrung die Skepsis sogar in eine totale Ablehnung wandeln." Und dies hat seine Gründe.

Die in der Fachliteratur weit verbreiteten Grundlagen einer radiativ wirkenden Heiztechnik sind derart widersprüchlich, verworren und am Ende falsch und fehlerhaft, daß man getrost von einem Theoriedebakel einer Pseudowissenschaft sprechen kann. Der technische Nonsens bei der Strahlung ist und bleibt nach wie vor dominant. Dies ist für einen normal denkenden Menschen völlig unverständlich, vor allem der Kunde kommt aus dem Staunen nicht mehr heraus – er hält einen derartigen desolaten Zustand einfach nicht für möglich.

Offensichtlich reifen auch bei uns langsam die expansiv ausgerichteten finanztechnischen Träume Amerikas zur vollen Blüte, dem Land der unbegrenzten Unmöglichkeiten, begünstigt durch eine mißverstandene liberalistische Grundeinstellung wie das in der Verfassung der USA verbürgte „Glück der Freiheit“. Nur derartige verfassungsrechtlich geschützte Zusicherungen für ein ungezähmtes Denken und Handeln „in Freiheit“ lassen derartige Fehlentwicklungen zu.

Zur Erklärung dieses gewerblichen Mißverhältnisses können eigentlich nur zwei zu vermutende Aspekte hier weiterhelfen. Entweder handelt es sich um eine einträchtige und durchaus wohlwollende Symbiose zwischen Wissenschaft, Wirtschaft und Administration mit dem Ziel, die Verbreitung der sehr humanen und effektiven Strahlungs-Heiztechnik zugunsten der immer noch sehr weit verbreiteten Konvektionsheizungen zu behindern oder sogar zu verhindern, oder
mit den wirklich nur zusammengeflickten und zusammengeschusterten Grundlagen der praktizierten Strahlungstheorie sind in der Tat die beteiligten Akteure in Theorie und Praxis geistig und damit argumentativ rettungslos überfordert. Die Logik und daraus resultierende Schlußfolgerungen auf der Grundlage normaler Denkvorgänge sind bei der Strahlung nach Würdigung vorliegender und präsentierter Aussagen in der etablierten Heizungsbranche leider zur Mangelware geworden. Es wird ein klarsichtiges Denken vermißt. Dies aber wirft ein bezeichnendes Licht auf den Zustand von Wirtschaft, Wissenschaft und Administration, kurz auf den allgemeinen Zustand der Gesellschaft. deren einziges Ziel zu sein scheint, ausgiebig „Kasse“ zu machen.

Ein Aspekt allerdings soll nicht unerwähnt bleiben: Die Blamage, die bei notwendiger Änderung von schon seit langer Zeit gemachten Aussagen zu erwarten ist, führt automatisch zur Verharmlosung, zur Bagatellisierung und schlußendlich zur Vertuschung dieser fehlerhaften Fachaussagen. Um dieser Fehlerhaftigkeit nun doch noch entgehen zu können, werden Kritiker verunglimpft, beleidigt und an den Pranger gestellt. Dies sind eingefahrene Praktiken, die sich schon seit eh und je bewährt haben und die dann das technische Dilemma auf eine höchst persönliche Ebene hieven. Die Fachleute, die sich ernsthaft der Wahrheit verpflichtet fühlen, werden mißtrauisch beäugt und aufs Korn genommen nach dem Motto: „Anlegen, zielen, abdrücken“. Das Jagdfieber ist ausgebrochen, die Jagd auf „Dissidenten“, „Querulanten“ und „Nestbeschmutzer“ ist voll im Gange [Meier 07].

5 DIN Standortbestimmung

Das Kapitel 4 „Irrtümer der Heizungsbranche“ weist auf eklatante Fehler hin, die sich gerade auch in DIN-Vorschriften wiederfinden [Meier 04]. Wie muß deshalb nun DIN im Rahmen derartiger bautechnischer Entwicklungen und Veränderungen eingeordnet werden?

In der Baubranche gilt allgemein die Vorstellung, DIN-Normen seien „allgemein anerkannte Regeln der Technik“ und würden den „Stand der Technik“ beschreiben. In dieser simplen und vereinfachten Form gilt dieser Satz jedoch nicht, nur das zweite, der Stand der Technik, stimmt. „Regel“ der Technik und „Stand“ der Technik sind juristisch zwei völlig unterschiedliche Sachverhalte, die recht bedeutsam sind. In [Soergel 83] werden sehr sachkundig und detailliert grundsätzliche Ausführungen zum Unterschied zwischen DIN-Normen und den „allgemein anerkannten Regeln der Technik“, den a. a. R. d. T., gemacht.

Hier einige Zitate:

„Bei der Planung sind allgemein anerkannte Regeln der Technik zu beachten, wer diese außer acht läßt und damit die Ursache für einen Bauwerksmangel setzt, dem ist ein schuldhafter Planungsfehler anzulasten“.

„Mit der Beachtung der a. a. R. d. T. ist jedoch nicht gesagt, daß die in Normen festgehaltenen Regeln mit den allgemein anerkannten Regeln der Technik identisch sind. Die Nichtbeachtung einer Norm braucht deswegen kein Verstoß gegen die allgemein anerkannten Regeln der Technik zu sein und die Beachtung einer Norm gibt noch keine Gewähr dafür, daß allgemein anerkannte Regeln der Technik beachtet worden sind.“

„Wesen und Begriff der allgemein anerkannten Regeln der Technik entsprechen einem berechtigtem Schutzbedürfnis des Bauherrn, nur ein Bauwerk errichtet zu bekommen, das auf Dauer gebrauchstauglich und haltbar ist. In den allgemein anerkannten Regeln der Technik finden wir solche Regeln wieder, die dieser Anforderung zu genügen vermögen, weil sie sich einmal in der Wissenschaft als richtig durchgesetzt haben und weil sie sich zum anderen in der Praxis als richtig und brauchbar bewährt haben.“

„Der Stand der Technik umfaßt die Gesamtheit der bis zu einem bestimmten Zeitpunkt gewonnenen technischen Erkenntnisse. Von diesem Stand der Technik sind jedoch die allgemein anerkannten Regeln der Technik zu unterscheiden. Von solchen kann man nur sprechen, wenn sich die Regeln als theoretisch richtig erwiesen und sich in der Praxis bewährt haben. Die Regel ist theoretisch richtig, wenn sie ausnahmslos wissenschaftlicher Erkenntnis entspricht und keinem Meinungsstreit ausgesetzt ist“.

„Daß allgemein anerkannte Regeln der Technik nicht schriftlich festgehalten zu sein brauchen, versteht sich von selbst.“

„Wenn nach allgemein anerkannten Regeln der Technik zu bauen ist, dann erhebt sich die Frage, ob man schlechthin nach Normen bauen darf. Dies wäre ohne Umschweife zu bejahen, wenn die in den Regelwerken zusammengefaßten Normen allgemein anerkannte Regeln der Technik zum Inhalt hätten. Dem ist aber nicht so. Normen sind im allgemeinen allgemein anerkannten Regeln der Technik nicht gleichzusetzen."

„Wird in das Normenwerk eine Regel aufgenommen, deren theoretische Richtigkeit ungewiß und deren praktische Bewährung noch aussteht oder noch nicht sicher festzustellen ist, dann kann die Norm nicht einer allgemein anerkannten Regel der Technik gleichgeachtet werden".

„Beweisvermutungen verhelfen den in Regelwerken zusammengefaßten Normen zur rechtlichen Brauchbarkeit. Dies bedeutet, daß für die Norm die tatsächliche Vermutung spricht, das in ihr schriftlich Niedergelegte sei mit der allgemein anerkannten Regel der Technik identisch. Wer behauptet, dies sei nicht so, mag das Gegenteil beweisen. Es muß der Beweis dafür geführt werden, daß die Norm entweder theoretisch unrichtig ist – z. B. durch bessere Erkenntnisse überholt ist – oder daß sie sich in der Praxis nicht bewährt hat".

Hier wird es deutlich gesagt: DIN ist keine allgemein anerkannte Regel der Technik; eine solche muß sich ja langfristig bewährt haben und keinem Meinungsstreit ausgesetzt sein. Meinungsstreit über DIN-Aussagen aber gibt es zuhauf. Immerhin kann konkret und exakt nachgewiesen werden, daß viele DIN-Normen widersprüchlich und falsch sind [Meier 08].

5.1 DIN – ein Instrument der Wirtschaft

Die Fehlerhaftigkeit von Normen kann ohne Schwierigkeit dokumentiert werden. Die vielen, wie Pilze aus dem Boden schießenden „Schadensseminare" sind dafür eigentlich schon Beweis genug. Doch sträuben sich die „Verantwortlichen" stets und immer, ihre Irrtümer einzugestehen – die zu erwartende Blamage, aber auch die Gewinneinbußen wären zu groß. Gerade die Praxis der Strahlungsphysik zeigt die vorrangige Priorität von Wirtschaftsinteressen der konvektiven Heizungsbranche gegenüber den berechtigten Interessen der Kunden, die sachlich richtig und umfassend über Möglichkeiten in der Heiztechnik und damit auch über die Strahlungsheizung informiert werden wollen. Dies aber geschieht nicht – aus leicht verständlichen Konkurrenz-Gründen.

DIN-Normen beachten also weniger Erkenntnisse der Bautechnik, sondern eher Bekenntnisse zu Wirtschaftsinteressen. DIN-Normen sind industrieorientiert, denn DIN ist immerhin ein 1917 gegründeter privatrechtlicher Verein der Wirtschaft mit Sitz in Berlin. DIN entpuppt sich nicht nur sukzessiv als willfähriges Instrument der Wirtschaft, sondern DIN ist ist dies bereits seit jeher gewesen. DIN bestreitet dies auch nicht, versucht demgegenüber jedoch einen durchaus „unabhängigen" Eindruck zu hinterlassen, der stets der technischen und wissenschaftlichen Wahrheit zu dienen hat – für diese Vorstellung sorgt dann eine hilfreiche und willfährige Wissenschaft, die alles nach den Wünschen der Wirtschaft zu richten und zu lenken bereit ist. Dies beschränkt sich leider nicht nur auf eine gern kolportierte Vermutung, sondern ist bereits eingetretene traurige Wirklichkeit.

Wie sich DIN selbst sieht, ist beachtenswert und sehr aufschlußreich [DIN 98]:

DIN-Normen sind nicht die einzige, sondern eine Erkenntnisquelle für technisch ordnungsgemäßes Verhalten im Regelfall.

Die DIN-Normen haben kraft Entstehung, Trägerschaft, Inhalt und Anwendungsbereich den Charakter von Empfehlungen.

DIN-Normen dienen der Ausfüllung unbestimmter Rechtsbegriffe, z. B. des Begriffes Stand der Technik.

DIN-Normen an sich haben keine rechtliche Verbindlichkeit.

Durch das Anwenden von Normen entzieht sich niemand der Verantwortung für eigenes Handeln. Jeder handelt insoweit auf eigene Gefahr.

Dies sind klare und eindeutige Aussagen – jeder sollte sich diese bei jeder „DIN-Norm-Orientierung“ zu eigen machen. Es handelt sich bei DIN-Normen lediglich um eine, aber nicht um die einzige Erkenntnisquelle, um Empfehlungen und um unbestimmte Rechtsbegriffe (Stand der Technik). Sie haben keine rechtliche Verbindlichkeit (nur wenn sie extra vertraglich vereinbart werden) und entbinden bei Anwendung nicht von der Verantwortung für eigenes Handeln.

DIN-Normen sind demzufolge nicht ernst zu nehmen und sollten wegen der Fragwürdigkeit ihrer Entstehung einen möglichst geringen Stellenwert bekommen. Es kann sehr unangenehm werden, wenn fehlerhafte DIN-Normen zum Vertragsbestandteil erhoben werden [Meier 00, 04].

Fragt man sich aber, wie so etwas überhaupt zustande kommen kann, dann kann auch dies leicht erklärt werden. In [DIN 98] ist außerdem zu lesen:

Die Mitgliedschaft im DIN sichert einen Einfluß auf die normungspolitischen Entscheidungen des DIN.

DIN ist auf Kostenbeiträge der Wirtschaft angewiesen, mit denen die Arbeit der Normenausschüsse gefördert wird. Die Förder- und Kostenbeiträge sind ein Gradmesser für die Notwendigkeit von Normungsvorhaben und ein praxisnahes Steuerungsinstrument für die Normungsprogramme.

An der Normungsarbeit interessierte Firmen, Institutionen und Verbände können Förderbeiträge zentral abführen.

Wer die Normungsarbeit weder durch einen Förderbeitrag noch durch einen Kostenbeitrag finanziell unterstützt, kann von der Mitarbeit ausgeschlossen werden.

Wer also zum finanziellen Gedeihen des DIN beiträgt, kann mit entsprechenden Normungsleistungen rechnen, die den Eigeninteressen sehr nützlich sein dürften und demzufolge den investierten Geldeinsatz dann mehr als nur ausgleichen. Dies wird durch DIN sogar bestätigt.

Im DIN gibt es einen „Ausschuß Normenpraxis“ (ANP), der sich als Bindeglied zwischen dem Normungsinstitut auf der einen und den „normungsinteressierten Kreisen der Wirtschaft“ auf der anderen Seite versteht und seine Stimme zu Gehör und Geltung bringt auch zu dem Thema:

Wirtschaftlichkeit der Normung – Aufwand und Nutzen für den eigenen Betrieb.

Dies wird konkretisiert, indem es weiter heißt [DIN 05]:

Die Teilnahme an den ANP-Sitzungen und die Mitgliedschaft im ANP bringen für ihre Firma eindeutige Vorteile.
Wirtschaftlichkeitsberechnungen belegen, dass den zeitlichen und finanziellen Aufwendungen für ein Mitwirken im ANP das 6 bis 7 fache an Nutzeffekt gegenübersteht.

Also bitte sehr, Normungsarbeit ist für die Wirtschaft äußerst lukrativ und „wirtschaftlich". Leider jedoch nur für die Wirtschaft und nicht für den Kunden – die Wirtschaftlichkeit für die Anwender wird nur vorgegaukelt. Das Zustandekommen so mancher dubioser und fehlerhafter DIN-Norm wird damit verständlich.

Bei vielen finanziellen Beiträgen der Wirtschaft wird dann auch viel genormt. Die festzustellende Verordnungs- und Normenschwemme läßt darauf schließen, daß hier Gelder zur Genüge fließen. Da es sich bei den DIN-Normen um *Vereinbarungen interessierter Kreise,* also um *Bekenntnisse zur Wirtschaft*, keineswegs jedoch um *wissenschaftliche Erkenntnisse* handelt, häufen sich leider auch die *genormten* Fehler – die Folge ist dann ein kaum mehr zu übersehender, massenhaft produzierter Normungsschrott [Groll 85], [Markl 89], [Markl 90]. All dies wird dann sehr teuer durch den Beuth Verlag vertrieben – und wird deshalb auch schon als Ausbeut-Verlag bezeichnet. Diesem Treiben stehen dann allerdings auch „Wissenschaft" und „Administration" äußerst hilfreich zur Seite. Dieses Gehabe unterstreicht eindrucksvoll die Fragwürdigkeit dieser Institutionen.

Maßgebend für das Bauen sind deshalb ausschließlich die „allgemein anerkannten Regeln der Technik". Insofern ist es wieder einmal nicht nur ein Fauxpas, sondern auch eine Ungeheuerlichkeit der Administration, wenn sie in der Energieeinsparverordnung [EnEV 07] im § 23 „Regeln der Technik" über die Hintertür versucht, die DIN-Normen und auch andere Vorschriften nun zu Regeln der Technik umzudeuten.

Der § 23 „Regeln der Technik", Absatz (2) lautet:
„Zu den anerkannten Regeln der Technik gehören auch Normen, technische Vorschriften oder sonstige Bestimmungen anderer Mitgliedstaaten der Europäischen Union und anderer Vertragsstaaten des Abkommens über den Europäischen Wirtschaftsraum sowie der Türkei, wenn ihre Einhaltung das geforderte Schutzniveau in Bezug auf Energieeinsparung und Wärmeschutz dauerhaft gewährleistet."

Kommentar: Hier wird generell und zwar alles, was es „offiziell" auf dem Markt gibt, als „anerkannte Regel der Technik" bezeichnet. Dieses Grundübel wird leider dauerhaft beschworen, ist jedoch irreführend. Zunächst muß die Frage beantwortet werden: „Von wem wird eine Regel anerkannt"? Von DIN (DIN-Norm), von der „Wissenschaft" (Forschungsarbeit im Auftrag der Wirtschaft), von den Wirtschaftsverbänden (VDI-Richtlinie)? Auf eine derartige „Anerkennung" kann und muß verzichtet werden. Wichtig ist und bleibt

a) die „allgemeine" Anerkennung, die auch keinen Meinungsstreit duldet und

b) die langjährige Bewährung! Eine nur für eine begrenzte Zeit gültige bauaufsichtliche Zulassung z. B. bedeutet doch nicht die Gleichstellung mit einer allgemein anerkannten Regel der Technik und trotzdem wird fleißig damit hantiert. Wichtig wird deshalb der Hinweis, auf eine „dauerhafte" Gewährleistung nicht zu verzichten und sich diese bestätigen zu lassen. Dieser makabre Umstand einer mangelhaften Gewährleistung aber stellt sich leider erst sehr viel später heraus.

Das StGB kennt im § 323 „Baugefährdung" auch nur den Begriff der „allgemein anerkannten Regeln der Technik", von DIN-Normen oder etwa vom „Stand der Technik" ist dort nichts zu lesen.

Auch **BGH-Urteile** verdeutlichen die Unverbindlichkeit von DIN-Normen.

BGH, Urteil vom 14.05 1998
Welche Bedeutung haben DIN-Normen?
BGB § 633 (Mangelbeseitigung). [IBR 1998, Privates Baurecht, S. 377]

„Die DIN-Normen sind keine Rechtsnormen, sondern private technische Regelungen mit Empfehlungscharakter. Sie können die anerkannten Regeln der Technik wiedergeben oder hinter diesen zurückbleiben. Nach BGH kommt es auf die Einhaltung der anerkannten Regeln der Technik an. Diese dürfen keineswegs mit den DIN-Normen identisch gesetzt werden. Die Mangelfreiheit kann nicht ohne weiteres einer DIN-Norm entnommen werden. Maßgebend ist nicht, welche DIN-Norm gilt, sondern ob die Bauausführung zur Zeit der Abnahme den anerkannten Regeln der Technik entspricht."

Fazit: Selbst bei Einhaltung der gültigen Norm besteht ein bautechnischer Mangel, wenn die a.a.R.d.T. nicht eingehalten werden. Vorsicht also bei der Anwendung von DIN-Normen, denn sie sind, trotz gegenteiliger Vermutungen, eben doch keine allgemein anerkannten Regeln der Technik.

BGH, Urteil vom 14.05.1998
Luftschallschutz: Wann liegt Mangel vor?
BGB § 633 (Mangelbeseitigung). [IBR 1998, Privates Baurecht, S. 376]

„Der BGH wendet sich gegen die DIN-Gläubigkeit vieler Baubeteiligten. Es kommt in erster Linie nicht auf die Einhaltung der DIN-Normen an; wichtig ist:
(1) Welches Schalldämm-Maß haben die Parteien vereinbart?
(2) Aus der bloßen Beachtung der DIN-Normen folgt noch nicht, daß damit auch die anerkannten Regeln der Technik genügt ist."
Gibt es keine Vereinbarung, so kommt es auf die anerkannten Regeln der Technik an.

Fazit: In der juristischen Rangfolge kommen zunächst die Vereinbarungen, dann die anerkannten Regeln der Technik. DIN-Normen spielen für die Beurteilung also nur eine nachrangige Rolle.

Auch ein Urteil des Bundesverwaltungsgerichts hat sich eingehend mit der Problematik der DIN-Normen auseinandergesetzt und hat u. a. folgendes festgestellt [Meersburg-Urteil]:

„Abgesehen davon darf der Erkenntniswert von DIN-Normen nicht überbewertet werden."

„Die Normenausschüsse des Deutschen Instituts für Normung sind so zusammengesetzt, daß ihnen der für ihre Aufgaben benötigte Sachverstand zu Gebote steht. Daneben gehören ihnen aber auch Vertreter bestimmter Branchen und Unternehmen an, die deren Interessenstandpunkte einbringen. Die Ergebnisse ihrer Beratungen dürfen deswegen im Streitfall nicht unkritisch als ‚geronnener Sachverstand' oder als reine Forschungsergebnisse verstanden werden."

„Zwar kann den DIN-Normen einerseits Sachverstand und Verantwortlichkeit für das allgemeine Wohl nicht abgesprochen werden. Andererseits darf aber nicht verkannt werden, daß es sich dabei zumindest auch um Vereinbarungen interessierter Kreise handelt, die eine bestimmte Einflußnahme auf das Marktgeschehen bezwecken."

„Den Anforderungen, die etwa an die Neutralität und Unvoreingenommenheit gerichtlicher Sachverständiger zu stellen sind, genügen sie deswegen nicht".

DIN-Normen sind deshalb auch aus dieser Warte keine „allgemein anerkannten Regeln der Technik". Dies aber wird überall kolportiert, jedem eingeredet und dann auch meist geglaubt, nur damit die Geschäfte der Wirtschaft blühen. Diesem Meinungs- und Konsumterror durch DIN muß man sich entziehen.

Karl Steinbuch sagte bereits vor über 25 Jahren [Steinbuch 79]:
"Es ergibt sich zwangsläufig aus dem gegenwärtigen Umgang mit der Information, der – ähnlich dem Umgang der Alchimisten mit ihren Elixieren – mit Verstand und Verantwortung wenig, mit Unverstand, Täuschung und Betrug aber viel zu tun hat. Wir werden zugleich informiert, verwirrt und betrogen, wir sehen kaum mehr die Wirklichkeit, fast nur noch Kulissen und Spiegelbilder".

Heute ist dies leider zum „Allgemeingut" täglichen technischen Handelns geworden. Das im Ergebnis wahrheitsferne und fehlerbehaftete Denken und Handeln wird zur Bekräftigung dann auch noch in DIN-Vorschriften fest verankert, damit auch die angestrebten steigenden Umsätze gesichert werden können.

Die Kunden, aber auch die Fachleute als praxisnahe Anwender, werden damit hinters Licht geführt. Eine Flut von selektierten und verwirrenden Veröffentlichungen steht diesem Treiben dann auch noch stützend zur Seite; das ist die Realität.

Die „Industrieverbundenheit" von DIN-Normen wird auch durch eine Aussage des Präsidenten des DIN, **Dietmar Harting**, unterstrichen [DIN 04]:
Normen sind der Türöffner, um Technologien und Innovationen erfolgreich am Markt zu etablieren, und damit für Unternehmen ein wertvolles Instrument zur Sicherung ihrer Wettbewerbs- wie ihrer Zukunftsfähigkeit.
Technologien und Innovationen dienen damit leider nur den Interessen und auch Gewinnmaximierungsstrategien der Unternehmen – und nicht dem Wohl der Kunden. Dies aber wird den Kunden in heuchlerischer Manier stets vorgegaukelt.

Bedeutsam wird in diesem Zusammenhang der bereits gemachte Hinweis, daß ein Anwender von DIN-Normen Gefahr läuft, für seine nach DIN orientierten konstruktiven Vorschläge bei Schadensfällen zur Verantwortung gezogen zu werden, denn es heißt ja wie bereits zitiert:

„Durch das Anwenden von Normen entzieht sich niemand der Verantwortung für eigenes Handeln. Jeder handelt insoweit auf eigene Gefahr."

DIN-Normen werden allerdings rechtsverbindlich, wenn sie vertraglich vereinbart werden, wie z. B. in den Vertragsbedingungen der Leistungsverzeichnisse.

Dies birgt für Anwender ein großes bautechnisches Risiko und führt in ein juristisches Dilemma. Was passiert, wenn nachweislich eine fehlerhafte und falsche Norm – und die gibt es wirklich ausreichend genug – unfreiwillig zum Vertragsbestandteil wird, wie dies mit jedem Leistungsverzeichnis geschieht? Juristisch gesehen handelt es sich hier dann um eine völlig verfahrene Situation. Baut man richtig, wird gegen den Vertrag verstoßen; beachtet man jedoch den Vertrag, dann wird falsch gebaut. Damit ergibt sich ein bautechnisches Chaos und ein Eldorado für juristische Streitereien. Das Hauen und Stechen kann beginnen.

DIN-Normen sollten deshalb kritisch unter die Lupe genommen werden, bevor sie Vertragsbestandteil werden. Wer sich also in bautechnischen Fragen auf DIN stützt, kann böse Überraschungen erleben – es sei denn, zur Rechtfertigung von gemachten bautechnischen Fehlern beruft man sich vehement auf DIN, um dem Schadenersatz nach BGB eventuell entkommen zu können – DIN-gläubige "Gutachter" und "Sachverständige" gibt es zur Genüge, die sich bereitwillig und für ein großzügiges Honorar hierfür zur Verfügung stellen.

Im Gegensatz dazu hieß es in der TGL (Technische Gebrauchs- und Lieferbedingungen) der ehemaligen DDR:
„Der Nachweis für normgemäßes Handeln entläßt den Betroffenen aus weiterer Verpflichtung im Schadensfall."

Die TGL-Texte hatten demzufolge Gesetzescharakter und entließen den Anwender aus der Haftung. Dies war auch berechtigt, denn die methodischen und Inhaltlichen Aussagen der TGL waren gegenüber der DIN präzise, sehr differenziert und realistisch [Meier 90].

Dies zeigt damit sehr deutlich die Unterschiede in der Interpretation der Vorschriften und Normen:
Die TGL-Verantwortlichen waren sich sicher, richtige Vorschriften zu Papier gebracht zu haben. Die DIN-Verantwortlichen dagegen scheuen sich, für ihre Empfehlungen auch noch die Haftung zu übernehmen und überlassen diese großzügig den Anwendern. Bei der Wiedervereinigung wurde die TGL rigoros durch DIN ersetzt. Auf diese Art und Weise werden brauchbare Vorschriften aus dem Verkehr gezogen. Dies verdeutlicht auf technischem Gebiet auch die Arroganz und Überheblichkeit der alten Bundesländer gegenüber den neu hinzugekommenen.

5.2 Mißbrauchte Wissenschaft als Folge

Was in der Strahlungsphysik praktiziert wird, das ist Pseudowissenschaft in Reinkultur. Kardinal Ratzinger [Ratzinger 05] spricht sogar von der
„Pathologie der Wissenschaften".
Wissenschaft ist ins Schlepptau einer brutal gewinnmaximierenden Industrie geraten und degradiert sich dabei selber zu einer bemitleidenswerten Farce.

Logik und Konsequenz in einer wissenschaftlich korrekten Abfolge einzelner Schritte und den daraus abzuleitenden Schlußfolgerungen sind in der "offiziellen" Heiztechnik Fehlanzeige, Scharlatanerie brilliert, Verdummung ist Trumpf [Wertheimer 01]. Die geistigen Bocksprünge zur rechnerischen Vergewaltigung der Strahlung entbehren jeglichen Sachverstand, manipulieren den Sachverhalt und erfüllen damit den Betrugsparagraphen 263 im Strafgesetzbuch; Denken und Handeln sind schlichtweg kriminell. Dieser Paragraph lautet unter anderem:

(1) Wer in der Absicht, sich oder einem Dritten einen rechtswidrigen Vermögensvorteil zu verschaffen, das Vermögen eines anderen dadurch beschädigt, daß er durch Vorspiegelung falscher oder durch Entstellung oder Unterdrückung wahrer Tatsachen einen Irrtum erregt oder unterhält, wird mit Freiheitsstrafe bis zu fünf Jahren oder mit Geldstrafe bestraft.

(2) Der Versuch ist strafbar.

(3) In besonders schweren Fällen ist die Strafe Freiheitsstrafe von einem Jahr bis zu zehn Jahren.

Allein die Vorspiegelung falscher und die Entstellung oder Unterdrückung wahrer Tatsachen genügt, um als Straftäter verurteilt zu werden – sofern Anklage erhoben und diese von der Staatsanwaltschaft auch angenommen wird. Dies aber geschieht meist nicht, denn das pseudowissenschaftliche Netzwerk ist dschungelartig miteinander verwoben und blockt auf diesem Gebiet jeden Ankläger ab.

Diese Krise in den Wissenschaften beschreibt **Di Trocchio** sehr treffend [Di Trocchio 95]:

„..., daß die enorme Ausdehnung der Wissenschaft zur Vorherrschaft mittelmäßiger Wissenschaftler über ihre hochgradig kreativen Kollegen führte" und weiter:

„Dieser Mißstand wurde noch vergrößert durch die Tolerierung von Intrigen und Kungeleien, mit denen die eigenen Gruppeninteressen geschützt werden sollen."

Einen weiteren, ernst zu nehmenden Hinweis gibt es auch noch:

„Sehr wohl kann und muß verhindert werden, daß die Wissenschaft in die Hände kleiner und gewöhnlicher Betrüger fällt."

Dies hat **Di Trocchio** bereits vor über zehn Jahren geschrieben – heute hat sich dies alles schon zum Allgemeingut, zur bedauernswerten Wirklichkeit entwickelt.

5.3 Konsequenzen

Wenn der Kunde wieder im Mittelpunkt und seine Interessen im Vordergrund wirtschaftlichen Handelns stehen sollen, dann muß Wahrheit zum festen und unverrückbaren Repertoire der Wissenschafts-, Politiker- und auch der Industriegemeinde gehören (ist das überhaupt noch möglich?). Wenn dies geschehen sollte, dann besteht Hoffnung, daß sich Wissenschaft und auch die Administration aus der oft gut dotierten Umklammerung der Wirtschaft lösen können, um damit auch der allgemeinen Politiker- und Staatsverdrossenheit zu begegnen. Dies erfordert allerdings weitreichende Erkenntniserweiterungen im Rahmen einer ernst gemeinten Wertediskussion, die dann ebenfalls auch die Sinnfrage zu beantworten in der Lage sein sollte. Hierbei sind dann vor allem Politiker und Wirtschaftsmanager mit einzubeziehen. Auch Bankmanager sollte man in diesem Zusammenhang nicht vergessen. Hierbei allerdings gibt es erheblichen Nachholbedarf.

Wird dieses, augenblicklich allerdings noch als Fata Morgana erscheinende Ziel erreicht, ergeben sich daraus weitreichende Konsequenzen, die schleunigst eingeleitet werden müssen: Normen und Richtlinien sind zu überarbeiten, damit nicht Unsinniges Bestandteil der „offiziellen" Aussagen und Empfehlungen bleibt. Den Kunden wird es nicht überzeugen, mit „Unfug" konfrontiert zu werden.

Auch rechtliche Folgerungen sind zu berücksichtigen.
Wird ein ganzer Industriezweig, der sich der Strahlungsheizung verpflichtet fühlt, aus Konkurrenzgründen systematisch verunglimpft und diskriminiert, so führt dieses wettbewerbsverzerrende Verhalten zu Schadensersatzansprüchen. Aus der technischen Misere ergibt sich damit auch ein kaum entwirrbares rechtliches Durcheinander. Was also bleibt von der ganzen DIN-Rechnerei übrig?

- Nur Schrott -

Aufgrund des bisher Gesagten wird, um sich realistischen Verhältnissen wieder zu nähern, ein durchaus umfangreiches Umdenken notwendig. Grundlagenarbeit und Logik sind wieder gefragt, aber nur unabhängige Fachleute können hier Pionierarbeit leisten.

Einen dezidierten Beitrag kann hier auch ein Zusammenschluß von Baufachleuten leisten, die es sich zur Aufgabe gemacht haben, den „Heilsversprechen" und „Wundertaten" offizieller Gremien nicht zu folgen, da all diese Empfehlungen und Prognosen als Irrwege nur der Phantasie entsprungen zu sein scheinen. Der eingetragene gemeinnützige Verein „Club of Home" wirkt in diesem Sinne aufklärerisch, sehr vorbildlich, gibt Jahrbücher heraus [COH 08] und schart damit Gleichgesinnte, die es in ausreichender Zahl ja gibt, um sich [COH]. Hier ist Privatinitiative gefragt, denn die maßgebende Industrie wird diese Arbeit nicht übernehmen, sie ist daran überhaupt nicht interessiert. Sie erwartet vielmehr von der nach Aufträgen hungernden "Wissenschaft" im Rahmen der Drittmittelforschung die Bestätigung ihrer auf Gewinnmaximierung abgestimmten Aktivitäten, um dann die „Kundschaft" mit allerlei Überraschungen beglücken zu können.

Um diesen fatalen und falschen Pfad zu verlassen, muß gerade auch der benachteiligte Industriezweig „Strahlungsheizung" in Eigeninitiative tätig werden, denn einer kompletten Präjudizierung durch die etablierte Industrie muß man sich der Wahrheit und Gerechtigkeit willen energisch widersetzen.

Der Ausweg aus dem Theoriedebakel „Strahlung" und die Befreiung aus der Umklammerung kann trotz pseudowissenschaftlicher Querschläge und großer Proteste der etablierten Heizungsbranche nur mit der These eingeleitet werden:

Die Strahlungsheizung ist die Heiztechnik der Zukunft

Dies muß stets mit Nachdruck betont, verkündet und verwirklicht werden. Hierin besteht die uneingeschränkte Verpflichtung, durch Aufklärung informativ zu wirken, um damit die Strahlungsheizung aus dem verordneten Dämmerzustand zu befreien, aber auch, um den Kunden zu helfen, endlich in den Genuß einer humanen Heiztechnik zu kommen [Meier 99].

6 Die Praxis der Strahlungsheizung

Strahlungsheizungen haben sich mittlerweile auf dem Markt etabliert und werden mannigfaltig und mit Erfolg eingesetzt. Die Kunden und Nutzer sind begeistert. Trotzdem kämpfen alle mit der mißlichen Lage, von der etablierten Heizungsbranche, aber auch von der „hohen" Wissenschaft und damit natürlich auch vom einschlägigen Gutachterwesen der Fehlerhaftigkeit bezichtigt zu werden.

Zu Unrecht, wie nachvollziehbar im Kapitel 4 „Irrtümer der Heizungsbranche" nachgewiesen wird. Dies ist auch der Grund, weshalb sich die Strahlungsheizung nur schwer durchzusetzen vermag; die Querschüsse aus der Richtung „aller interessierter Kreise" waren und sind leider auch heute noch recht zahlreich (siehe die Abschnitte 3.10 „Wütende Proteste", 4.8 „Vertraute Querschüsse" und 6.5 „Fehlerhafte Äußerungen zur Strahlung").

6.1 Planerische Möglichkeiten

Zum Thema wäre folgendes zu sagen:

Seit über die Theorie der Strahlung vor über zehn Jahren veröffentlicht wurde, angefangen mit [Meier 95], ist seit Jahren ein reger Kontakt mit vielen interessierten Anbietern entstanden, die fachtechnischen Rat suchten und suchen.

Dabei sind unterschiedliche Konzepte in der Umsetzung der Strahlungsphysik zu verzeichnen. Der Erzeugung von temperierten Oberflächen dienen vor allem:

a) Flachheizkörper der Heizkörperhersteller,
b) einfache Strahlplatten aus Stahl,
c) Natursteinplatten (z. B. aus Marmor) und
d) Kunststoffplatten und -folien.

Als „Energielieferanten" werden bei Zentralheizungsanlagen wie bisher Warmwasser (bei a, b und c), aber nun auch in verstärktem Maße Elektrizität, die in jedem Haushalt zur Verfügung steht (bei c und d), gewählt.

Um bei einer Strahlungsheizung planerische Entscheidungen treffen zu können, sind die physikalischen Grundlagen von Bedeutung, die sich wesentlich von den Grundlagen einer Konvektionsheizung unterscheiden. Sie werden deshalb noch einmal kurz zusammengefaßt:

- Energiestrahlung als Infrarot-Strahler ist eine elektromagnetische Welle wie das Licht, der Strom, die Mikrowelle, die Radiowellen und breitet sich mittels Photonen als Summe kleinster „Energiepakete" mit Lichtgeschwindigkeit aus.
- Die für Heizzwecke in Frage kommenden Wellenlängen liegen etwa zwischen 2 und 50 µm und sind insofern gefahrlos, im Gegensatz zu Radar- und Röntgenstrahlen.

- Diese Energiestrahlung durchdringt kein normales Glas. Sie verbleibt im Raum und erzeugt damit einen „Treibhauseffekt". Dadurch werden „Wärmeschutzgläser" mit kleinen U-Werten überflüssig.
- Die Strahlungsleistung gehorcht dem Stefan-Boltzmannschen Gesetz, das heißt, sie ist proportional zur vierten Potenz der absoluten Temperatur. Jede temperierte Oberfläche strahlt, auch eine verputzte Wand von z. B. 22 °C.
- Eine Energiestrahlung erwärmt keine Luft, sondern nur feste und flüssige Materie. Die Raumluft ist dagegen diatherm, wird demzufolge nicht erwärmt und bleibt deswegen kühl und angenehm.
- Bei dem aus hygienischen Gründen notwendigen Luftaustausch wird infolge der niedrigen Lufttemperaturen Energie gespart.
- Infolge der ruhenden Luft (keine Luftzirkulation und Staubaufwirbelung durch eine „Luftheizung") wird eine geringe Luftwechselrate ermöglicht, die zu weiteren Energieeinsparungen führt.
- Alle Oberflächentemperaturen im Raum gleichen sich infolge des Strahlungsaustausches an, der mit Lichtgeschwindigkeit erfolgt. Es entstehen dadurch gleichmäßig temperierte Umfassungsflächen der einzelnen Bauteile einschließlich der Möbel.

Aus diesen grundsätzlichen physikalischen Besonderheiten einer Strahlungsheizung ergeben sich gegenüber einer Konvektionsheizung folgende abweichende Überlegungen, die unbedingt beachtet werden müssen:

- ♦ Bei der Konvektionsheizung braucht man zum Wirksamwerden „Übertemperaturen" – also Temperaturdifferenzen zur Raumluft. Diese Übertemperaturen (und auch Untertemperaturen zum Kühlen) entfallen bei der Strahlungsheizung – sie sind unsinnig.
- ♦ Man muß sich von dem Gedanken lösen, eine Strahlungsheizung würde durch ihre Strahlungsleistung die umgebende Raumluft durch Wärmeübergang direkt erwärmen können. Dies geschieht nur indirekt, indem die temperierte Oberfläche die unmittelbar angrenzende Luftschicht thermodynamisch erwärmt. Damit aber ist die Lufttemperatur automatisch niedriger als die Oberflächentemperatur der Umfassungsflächen.
- ♦ Da die Oberflächentemperaturen der Umfassungskonstruktionen deshalb immer höher sind als die Lufttemperatur, entsteht auch kein Schimmelpilz – Luft kondensiert nur bei Abkühlung. Eine eventuell sehr hohe relative Feuchte der Raumluft als Gefahr für Schimmel spielt somit keine Rolle. Eine automatische Begrenzung der Feuchte ist also überflüssig.
- ♦ Die günstigste Lage der „strahlenden Oberfläche" ist wie beim Kachelofen eine Stelle an der Innenwand oder in der Mitte des Raumes, damit die Strahlung ungehindert die Innenoberflächen der umgebenden Flächen temperieren kann, denn maßgebend für die Heizwirkung sind allein die temperierten Innenoberflächen der Innen- und Außenwände.

- Es genügt deshalb eine Strahlplatte *an* der Wand oder im Raum, dadurch erfolgt die direkte Erwärmung der Innenoberflächen durch Strahlung. Infolge sich angleichender Oberflächentemperaturen durch Strahlungsaustausch fühlt man sich wohl und behaglich.
- Die Strahlungsquelle sollte deshalb nicht *in* der Wand liegen, denn die Erwärmung der Wandinnenoberfläche ist dann energetisch nachteilig. Da die „Erzeugungstemperatur" in diesem Fall höher sein muß als die „strahlungswirksame Innenoberflächentemperatur, bedeutet dies ein Effizienzverlust. So etwas sollte vermieden werden. Nach diesem Prinzip arbeitete auch die Hypokaustenheizung der Römer.

Das Dilemma für den Einbau einer Strahlungsheizung besteht darin, daß offizielle Angaben über die Leistungsfähigkeit von Strahlungsheizungen fehlerhaft sind, da zur Grundlage der „Leistungsprüfungen" nun mit der EN 442 die übliche thermodynamische Konvektionsheizungstechnologie herangezogen wird. Strahlung jedoch bedeutet Quantenmechanik. Deshalb können derartige Aussagen zur Leistungsbestimmung von Strahlungsheizungen nicht herangezogen werden. Um hier verläßliche Angaben zu erhalten, muß z. Zt. leider auf die Erfahrungen der „Anbieter" zurückgegriffen werden.

Da aus diesen Gründen eindeutige Flächenangaben über die Größe der strahlenden Flächen kaum möglich sind, zumal hier auch das Klima, der Wind, die Himmelsrichtung und vor allem der Wandaufbau (Massiv- oder Leichtbau, monolithisch oder Schichtenaufbau) eine gewichtige Rolle spielen, ist es vorteilhaft, die baulichen Maßnahmen zur Installation der Heizung flexibel zu halten, damit Korrekturen offen und möglich bleiben.

Eventuelle Dämmungen zur „Verbesserung" der energetischen Wirksamkeit sind generell und somit auch bei der Strahlung unnütz, das zeigt sehr deutlich das Lichtenfelser Experiment, das immerhin besagt: Die infolge einer Strahlung erzeugten Oberflächentemperaturen marschieren fast ungehindert durch die Dämmung, da diese ein äußerst geringes Wärmespeichervermögen hat. Luft speichert keine Wärme und ist somit hilflos gegenüber Temperaturveränderungen.

Der Vorteil von Strom liegt in der flexiblen Handhabung der Nutzung von Strahlungswärme. Eine Steckdose genügt, um ein ausreichendes Heizen wirksam werden zu lassen. Ein grundsätzlicher Fehler beim Strom wird allerdings gemacht, wenn die elektrische Leistungsaufnahme in Watt nun auch als Leistungsabgabe angesehen wird. Dabei ist nach **Stefan-Boltzmann** allein die Oberflächentemperatur des Strahlers für die Leistungsbestimmung verantwortlich.

In der Praxis ergeben sich für einen Innenraum grundsätzlich folgende Möglichkeiten der Anordnung einer Strahlungsheizung.

6.1.1 Fußbodenheizung

Bei der Fußbodenheizung sind im Normalfall Oberflächentemperaturen über 25 °C zu vermeiden, da bei krankheitsanfälligen Personen sonst Fußbeschwerden wie Krampfadern zu erwarten sind. Bei selten begangenen Stellen sollten die

Temperaturen 29 °C nicht übersteigen [Raiß 58]. An anderer Stelle wird für Wohn- und Büroräume 26 bis 28 °C empfohlen [Glück 82].

Grundsätzlich jedoch ist zur Fußbodenheizung zu sagen:
Durch den erwärmten Fußboden erwärmt sich konvektiv auch die direkt darüber liegende Luftschicht, die somit in eine Inversionslage kommt. Diese wärmere Luftschicht wird leichter als die darüber liegende übrige kältere Raumluft. Dieser instabile Gleichgewichtszustand kann eine Weile aufrecht erhalten werden, dann aber erhöht sich mit zunehmender Dicke der Warmluftschicht die Neigung, plötzlich nach oben durch die kälteren Luftschichten taifunartig durchzubrechen. Dabei wird auch Staub mit emporgewirbelt. Insofern werden bei der sonst so vorteilhaften „Strahlungsheizung“ all die Nachteile einer Luftheizung wieder reaktiviert [Eisenschink 87]. Eine Fußbodenheizung ist somit keine empfehlenswerte Heizart.

6.1.2 Deckenstrahlungsheizung

Hier ist kritisch anzumerken, daß die Hauptrichtung der Strahlung einer in der Decke integrierten Flächenheizung vertikal von oben nach unten verläuft, so daß immer wieder die gleichen Körperteile wie Kopf und Schulter bestrahlt werden. Dies kann bei zu hohen Strahlungstemperaturen mit der Zeit lästig werden. Dieses Argument wird hinfällig, wenn es sich um liegende Menschen handelt, wie es z. B. bei Krankenzimmern vorkommt. Bei dieser Deckenstrahlungsheizung erwärmt sich konvektiv die unmittelbar unter der Decke liegende Luftschicht, die dann allerdings infolge des Auftriebs oben an der Decke verbleibt, wo sie eigentlich nichts zu suchen hat, da sie dort für Wärmezwecke völlig unnütz ist. Allerdings, und das muß ebenfalls betont werden, sorgt der Strahlungseffekt auch für die Temperierung des Fußbodens, der dann einige Grade wärmer ist als die darüber liegende Luftschicht. Dann aber geschieht das gleiche wie bei der Fußbodenheizung – ein Inversionseffekt ist dann auch hier zu erwarten, ein stabiler Luftschichtenaufbau wird dann ebenfalls nicht erreicht [Eisenschink 87].

Eine Variante der Deckenstrahlungsheizung ist die Anordnung von einzelnen Strahlern an der Decke, direkt montiert oder untergehängt. Dies ist bei sehr hohen Räumen und somit vor allem bei Fabrikhallen vorteilhaft und üblich.

6.1.3 Wandstrahlungsheizung

Als dritte Möglichkeit verbleibt die Wandstrahlungsheizung. Die Oberflächentemperaturen sollten bei Wandstrahlungsheizsystemen über 70 °C nicht hinausgehen [Raiß 58]. Weiter heißt es dort: *„Rein physiologisch betrachtet ist die Wandheizung mit milden Oberflächentemperaturen jeder anderen Heizungsart überlegen.“* Hier wird aus rein empirischen Erfahrungsgründen genau das Richtige gesagt.

Allerdings werden diese hohen Oberflächentemperaturen nicht erforderlich, wenn die quantenmechanischen Gesetzmäßigkeiten erst einmal Fuß gefaßt haben und die Leistungszahlen nicht durch den phänomenalen Fehler, Strahlungsausgleich sei zugleich Strahlungsleistung, rigoros reduziert werden. Auch die Hauptstrahlrichtung stimmt, denn eine horizontale Richtung ist für einen aufrechten Menschen die günstigste.

Die senkrecht angebrachte Wandstrahlungsheizung kann verwendet werden:

Einmal als ein auf der Massivwand angebrachtes Röhrensystem, das unter Putz verlegt und warmwasserdurchströmt die Wand temperiert und damit die wohltuende Strahlungswärme abgibt. Hier muß allerdings bedacht werden, daß ein derartiges Wandheizsystem energetisch nicht optimal – und reparaturanfällig ist. Dies kann hervorgerufen werden durch mögliche, langfristig sich ergebende undichte Verbindungsstellen infolge des Heiß/Kalt-Wechsels und demzufolge Arbeitens der Rohre oder durch mechanische Beschädigung, wie es z. B. beim Bilderaufhängen durch eingeschlagene Nägel geschehen kann. Das Unterputzverlegen erschwert eine eventuell notwendige Reparatur, die sich dann auch noch als recht kostenträchtig erweisen dürfte.

Zum anderen, und das hat sich heiztechnisch als sehr viel wirkungsvoller erwiesen, werden im Raum Strahlplatten in Form von Flachheizkörpern angeordnet, die analog einer mit Heizkörpern versehenen Zentralheizung mit einer nun jedoch geringeren mittleren Heizmitteltemperatur Strahlungswärme liefern. Infolge des ständig und immer stattfindenden Strahlungsaustausches werden somit die Umfassungsflächen, also auch die Wandflächen, gleichmäßig temperiert. Auch die Verteilungsrohre selbst können dann zusätzlich zur Temperierung beitragen, wenn diese vor der Wand vorgesehen werden.

Diese Konzentration der Strahlung auf kleinere Flächen erlaubt es nun aber auch, zur Energielieferung alternativ den Strom zu nutzen. Diese technologische Entwicklung, bei der vermehrt Natursteinplatten, aber auch Kunststoffplatten und Folien zum Einsatz kommen, zeichnet sich ab und verspricht günstige Chancen für die Verbreitung, zumal durch eine überaus flexible Handhabung von Standort und Größe die Verwendung eines solchen Heizsystems sehr begünstigt wird.

6.1.4 Resümee

Die spezielle Physik der Strahlung führt beim Wohnungsbau zu einer mehr kritischen Haltung gegenüber dem Einsatz von Deckenstrahlungs- und Fußbodenheizungen; die damit verbundenen Nachteile dürfen nicht leichtfertig übersehen werden. Die senkrecht angebrachten Strahlflächen erweisen sich deshalb grundsätzlich als die wirkungsvolleren und sind insofern die stets vorzuziehende Heizart, die durch Strahlungsausbreitung und Strahlungsaustausch immer die als so angenehm empfundene Wohnbehaglichkeit garantiert. Eingebaute Strahlungsheizungen haben sich in dieser Hinsicht voll bewährt.

Einzig und allein bei sehr hohen Räumen, wie z. B. im Fabrikhallenbau oder beim Ausbau ehemaliger Gewerbebauten, hat sich letztendlich eine Deckenstrahlungsheizung in Einzelanordnung gut bewährt. Auch für Lagerhallen eignet sich die Deckenstrahlungsheizung hervorragend, da das dann stets temperierte Lagergut z. B. vor Rost geschützt ist. Gründe für eine Strahlungsheizung sind auch die durch Werktore bedingte manchmal offene Halle, für die eine konvektiv wirkende Heizung mittels Lufterwärmung automatisch wegfällt. In Fabrikationshallen ergibt sich auch die Notwendigkeit einer Anbringung an der Decke, da die anderen Flächen Fußboden und Wand aus funktionellen Gründen entfallen.

Eine Strahlungsheizung sollte jedoch generell immer den Vorzug erhalten.

6.2 *Technische Möglichkeiten*

Technische Innovationen führen zu einer Hausse der Strahlungsheizungen, zumal die langjährigen Erfahrungen die Besonderheiten und Vorzüge dieses Heizungstyps bestätigen. Das Beharren auf konvektiven Grundlagen erweist sich als ein Fehler – nachgewiesen und begründet durch die immer zuverlässige Praxis.

6.2.1 Material

Da eine Energiestrahlung allein durch temperierte Oberflächen emittiert und infolge der in einem Innenraum stets reflektierenden Möglichkeiten auch der Emissionsgrad eine untergeordnete Rolle spielt, eignet sich für die Erzeugung einer Energiestrahlung jedes Material. In der Praxis haben sich nun besonders folgende Materialien herauskristallisiert und bewährt:

- Stahlblech
  Die von der Industrie in Katalogen angebotenen Flachheizkörper ohne Konvektionsbleche sind als Hohlkörper seit jeher aus Stahl und eignen sich bestens als Strahlkörper. Um nur ein einfaches Stahlblech zu temperieren, genügt es aber auch, lediglich das Vorlaufrohr mit dem Stahlblech auf der Rückseite zu verbinden; durch Wärmeleitung erwärmt sich dann das Stahlblech und ist in der Lage, Strahlungswärme zu verbreiten. Durch die geringe Speicherkapazität des Stahlbleches kann eine Heizwirkung nur bei Zulauf des Warmwassers erfolgen – ansonsten kühlt das Stahlblech aus.
- Naturstein
  Stein- und Marmorplatten, aber auch neuerdings der Speckstein bieten durch ihre große Speicherfähigkeit die Möglichkeit, temperaturträge und damit für den Raum temperaturstabiler zu sein. Dieser Speichereffekt kann nun bei elektrisch beheizten Systemen durch Intervall-Schaltungen mittels Thermostat sehr effizient genutzt werden. Damit wird bei fast konstanter Leistungsabgabe infolge der temperierten und damit strahlenden Oberfläche die notwendige Leistungsaufnahme gesplittet und teilweise unterbrochen.
- Kunststoff
  Dünne Platten (Folien) aus Kunststoffen werden im Rahmen flexibler Heizsysteme in reichhaltigen Varianten immer mehr angeboten. Hier handelt es sich u. a. um Carbongewebe und -vliese mit oder ohne Beschichtungen zur Temperaturverteilung auf der Fläche. Der Markt zeigt sich hier sehr innovativ.

6.2.2 Energiequelle

Für die Erwärmung von Oberflächen von Strahlungsheizungen zur Sicherstellung eines behaglichen Raumklimas bieten sich als Energiequelle an:

- Warmwasser
  Warmwasser hat gegenüber der Luft eine hohe spezifische Wärme, das Wärmespeichervermögen ist sehr groß. Bei Heizanlagen hat sich deshalb das Heizmittel Wasser als Energie-Transportmittel stets bewährt und wird im Normalfall auch immer wieder eingesetzt. Luft dagegen verhält sich genau gegenteilig; man benötigt riesige Volumenmengen, um die erforderliche E-

nergie zu transportieren – Zugerscheinungen sind dann nicht auszuschließen. Insofern wird Warmwasser immer eingesetzt.

- Strom
  Bei den augenblicklichen Verteuerungen fossiler Energie wie Heizöl und Gas wird der frühere große Preisunterschied geringer. Die Kosten auf dem Energiemarkt gleichen sich an, wodurch die früheren Aversionen gegen den „teuren Strom“ abgebaut werden können. Darüber hinaus wird Strom „frei Haus“ geliefert und benötigt deshalb keine kosten- und flächenaufwendigen Lagerkapazitäten. Bei einer Strahlungsheizung kommt erleichternd hinzu, daß die besonderen quantenmechanischen Grundlagen sehr leistungsfördernd die bei bisherigen Heizanlagen üblichen thermodynamischen Gedankengänge ablösen. Dies verschiebt die Leistungsfähigkeit und damit auch die Kostenfrage wiederum zugunsten der Strahlungsheizung und damit zugunsten des Stromes. Abschließend ist zu bedenken, daß Strom überall und auch nachträglich abzapfbar ist, was die Konzeption der Heizanlage flexibel macht.

6.3 Systembausteine

Um die Strahlungsheizung konkret umzusetzen, gibt es viele theoretische und praktische Ansatzpunkte. Eine Vielzahl von Anbietern bemüht sich trotz vieler Hindernisse von offizieller Seite wie „Wissenschaft“ und „DIN“, ihre Produkte auf dem stark umkämpften Markt zu plazieren. Dabei muß immer wieder festgestellt werden, daß sich die weit verbreiteten fehlerhaften Vorstellungen über die Wirksamkeit einer Strahlungsheizung als große Hürden für eine wirkungsvolle Verbreitung herausstellen – leider.

Bei der hier nun folgenden Aufzählung von unterschiedlichen Systembausteinen kann es sich nur um grundsätzliche Varianten handeln, die sozusagen als „federführend“ anzusehen sind und die sich bisher auf dem Markt hervorgetan, bewährt und etabliert haben. Vollständigkeit kann dabei allerdings nicht erwartet werden, da sich auf diesem technischen Sektor gerade in letzter Zeit eine mannigfaltige Entwicklung mit vielen Anregungen und Lösungen angebahnt hat – und sicher auch weiter anbahnen wird.

6.3.1 Heizleisten und Strahlflächen

Hervorzuheben seien zunächst die Anfänge strahlungsintensiver Heiztechnik, die von der Fa. sancal vorangetrieben wurden und die besonders durch den Begriff der Heizleisten und Heizzargen charakterisiert werden kann [Eisenschink 81]. Hierzu wird aus einem Artikel zitiert, der sehr prägnant und stichhaltig den damaligen Zustand vor etwa 40 Jahren schildert.

„Heizleisten an die Wand genagelt, ein paar Löcher durch die Zwischenwände für die Rohrleitung, kein Umbau, kein großer Dreck im Haus, fertig! In Einfamilienhäusern lief die neue Anlage am vierten Tag. Darin lag vordergründig der technische Vorteil“ [Eisenschink 07].

Alles war warm nach kurzer Zeit, das war unbestritten; Die plausible Erklärung für dieses Heiz-Phänomen sei gleich mitgeliefert:

„Die nur rund zehn Liter Wasserinhalt der Heizleisten waren nach wenigen Minuten erwärmt und davon die Heizregister, aus denen sofort warme Luft an die Wand darüber strömte, von der sich ebenso schnell die Temperatur der Tapeten erhöhte. Und genau davon rührte das spürbare Wärmegefühl."

Für dieses spürbare Wärmegefühl war die Strahlenwärme verantwortlich. In der weiteren Entwicklung kamen als Strahlenspender dann u. a. metallene Türzargen, Deckenbänder an Durchbrüchen, an Fensterpfeilern angeordnete Strahlbleche, beheizte Säulen vor Fensterflächen und, und, und hinzu, die die Einsatzfähigkeit strahlungsintensiver Heiztechnik immens erweiterten – und alles funktionierte zur Freude der Bewohner.

Wie bedeutsam die damalige Einführung dieser humanen Heiztechnik war, zeigen die einführenden Worte der Redaktion zu [Eisenschink 07]:

*„**Alfred Eisenschink** hat als einer der ersten in Deutschland den großen Nutzen der Strahlungsheiztechnik erkannt. Betrachtete er das neue Verfahren auch am Anfang noch skeptisch, überzeugten ihn schnell die erstaunlichen Erfolge in der Praxis."* Und so kam es zu dem Erfahrungsbericht dieses pragmatischen Pioniers, der sich seit dieser Zeit mit den etablierten Kreisen der Heizungsbranche, die immer noch auf den alten Gleisen der Luftheizerei fahren, auseinandersetzt. Denkfähige Pioniere vom Kaliber eines Eisenschinks braucht die Branche, um hier zum Nutzen der Kunden entscheidend voranzukommen – jedoch keine stupiden Nachbeter, wie es sie in viel zu großer Menge leider immer noch gibt.

6.3.2 Integrierte Fassade

Aus der Fensterbau-Firma Gartner wuchs in der dritten Generation ein weltweit agierendes Unternehmen, das mit „Integrierten Fassaden" moderne Büro-, Bank- und Hochbauten ausstattet und diese dann damit beheizt – und, besonders in südlicheren Ländern, auch kühlt. Integriert heißt hierbei, daß die Heizanlage und die Fensterkonstruktion eine Einheit bilden, d. h., in den Hohlprofilen der Fensterkonstruktion zirkuliert Warmwasser (oder Kühlwasser) und ist somit sowohl Fassade als auch Heiz- oder Kühlanlage, ohne nun extra Rohrsysteme oder Heizkörper (Kühlkörper) notwendig werden zu lassen. Das Patent für die integrierte Fassade wurde 1968 erteilt.

In einem Prospekt „Gartner – Integrierte Fassade" vom Oktober 2007 heißt es: *„Die Fassade mit ihrer großen Heizfläche wirkt als Strahlungsheizung. Deshalb wird selbst eine im Vergleich zu herkömmlichen Heizungen um 2 K niedrigere Raumtemperatur als angenehm empfunden. Insgesamt können Nutzer über 10 Prozent der Heizenergie sparen. Auch die Investitions- und Unterhaltskosten sind geringer als bei üblichen Systemen. Da selbst in unmittelbarer Nähe zur Glasfassade angenehme Temperaturen entstehen, können Räume besser genutzt werden. Die Wärmestrahlung der Fassadenheizung verhindert die Bildung von Kondenswasser sowie unangenehme Kaltluftströme."* Und weiter:

Im allgemeinen ist die Integrierte Fassade ein Teil der nichttragenden Gebäudehülle. Die Decken- und Dachlasten werden von einem Primärtragwerk aufgenommen, das von der Fassade unabhängig ist. Diese Konstruktion wird vor allem in der Geschoßbauweise angewendet. Bei der tragenden Konstruktion überneh-

men Pfosten und Riegel der Integrierten Fassade dagegen auch die Decken- und Dachlasten. Vor allem bei Dach- und Kuppelkonstruktionen wird das beheizte Stahlskelett selbst zum Tragwerk."

Infolge der großen Fassadenfläche und damit der gleichmäßigen Verteilung der Strahlflächen kann die Heizung für den Niedertemperaturbereich ausgelegt werden, zumal auch bei Gartner die Leistungsbestimmung der strahlenden Flächen hinter der theoretisch-physikalischen Entwicklung hinterherhinkt. Trotz dieser leider auch hier vorliegenden „Schwachstelle" (siehe Tabelle 12 im Kapitel 4.5 „Der Nonsens eines Wärmeüberganges") setzt sich diese Heiztechnik in Form fast reiner Strahlung immer mehr durch und brilliert durch überzeugende Lösungen. Allerdings sollte strikt darauf geachtet werden, daß ein notwendiger Luftaustausch durch bewegte Luft sich nur nach den Kriterien einer erforderlichen Hygiene richtet und nicht, wie normalerweise üblich, der Heizungs- und Kühlungsunterstützung dient. Dies wäre ein Rückfall in das jämmerliche Luftheizungs-Dilemma.

6.3.3 Marmorheizungen

Beispielhaft wird die Firma Sun Stone International GmbH genannt, denn seit fast 30 Jahren wird dieses Produkt angeboten. Begonnen hat dies mit eingefrästen Rillen in Heizplatten, in die dann runde Widerstandskabel eingelegt wurden. Die Rillen wurden dann mit Zement ausgegossen. Dies ergab allerdings eine geringe Wärmeübertragung. Ab Mitte der achtziger Jahre versuchte man mit Flachdraht zwischen zwei Marmorplatten zu arbeiten. Dies führte zu einer besseren Wärmeübertragung und damit bereits zu einer geringeren Nettostromaufnahme. Kurz darauf wurde dieser Flachdraht durch gedruckte Leiterbahnen ersetzt. Dabei stellte sich heraus, daß bei engeren Leiterbahnen weniger Nennstromzufuhr nötig war, um in gleicher Zeit bei gleicher Steingröße dieselbe Temperatur zu erreichen. Dabei zeigte es sich auch in der Praxis, daß die Nennstromaufnahme in Watt nichts mit der Strahlungsleistung der temperierten Platte zu tun hat. Hierfür ist ausschließlich die Oberflächentemperatur maßgebend.

Es ist nun besonders darauf zu achten, daß eine gleichmäßige Erwärmung der Strahlplatte vorliegt, um unangenehme kühlere Randzonen und Ecken, aber auch entstehende wärmere Zonen in der Mitte zu vermeiden. Durch eine unterschiedliche Anordnung der Leiterbahnen, die die ungleichmäßige Erwärmung korrigiert, werden nun auch höhere Heizleistungen erzielt. Die etwa 3 cm dicken Marmorplatten bewirken außerdem eine gewisse Temperaturstabilität, die sich dann auch günstig auf die Einschalttakte der Heizung auswirkt.

Der durch Strom temperierte Naturstein wie Granit oder Marmor wird auch noch von anderen Firmen angeboten. Allen gemeinsam ist die äußerst effiziente Energieausbeute infolge der meist eingebauten, mittels Thermostat gesteuerten taktmäßigen Ein/Aus-Schaltung, die infolge der vorhandenen Temperaturstabilität einer dicken Natursteinplatte die Leistungsaufnahme zeitweise unterbricht.

6.3.4 Kunststoffplatten

In letzter Zeit hat sich in der Strahlungstechnik eine Kunststoff -Technologie entwickelt, die das umfangreiche Gebiet der Strahlungsheizung sehr bereichern dürfte. Eine Vielzahl von Firmen drängt hier auf den Markt; um auf dem weiten Feld einer humanen Heiztechnik mit unterschiedlichen Technikvarianten erfolgreich tätig zu werden. Stellvertretend werden nur zwei Beispiele genannt.

Bei der hier behandelten einen Alternative der Fa. LEXIN wird als Strahlungskörper ein Paneel angeboten, das im wesentlichen eine Wärme erzeugende Halbleiterschicht enthält, die die langwelligen Energiestrahlen erzeugt. Ein Thermostat sorgt dafür, daß sich dieses Element nicht überhitzt. Die teilweise hohen Oberflächentemperaturen können auch niedriger gewählt werden.

Eine andere Variante ist eine aus Carbon bestehende Heizschicht, wie das Carbon-Glasfasergewebe der Fa. Suwitherm. Dieses Material Carbon bietet vielfache Möglichkeiten und eröffnet günstige Perspektiven in der Forschung.

Damit wird die Vielfalt der Angebote auf diesem Sektor zunehmen. Die technologische Entwicklung auf diesem Gebiet ist noch nicht abgeschlossen, hier können Entwicklungen erwartet werden, die zukunftsweisend die Heiztechnik immens bereichern werden.

6.4 Gebaute Vorbilder

Strahlungsheizungen sind schon zahlreich eingebaut worden. Eine kleine Auswahl soll die Vielseitigkeit und fast unbegrenzte Anwendbarkeit dieser unübertreffbaren Heiztechnik aufzeigen.

6.4.1 Wohnhalle in Berlin-Pankow

Dieses Beispiel eignet sich hervorragend, um die Vorzüge einer Strahlungsheizung gegenüber einer Konvektionsheizung zu verdeutlichen. Es handelt sich um eine stillgelegte und 1997 in die Denkmalliste aufgenommene Gleichrichterstation in Berlin-Niederschönhausen, Idastr. 20 im Bezirk Pankow. Das Bauwerk ist in strenger Gliederung in Backstein ausgeführt, hinter dem sich als Tragwerk ein Stahlskelett verbirgt. Aus diesem Gewerbebau sollte nun eine für Wohnzwecke geeignete Behausung werden mit lichten Geschoßhöhen, die sich immerhin bis zu einer Größenordnung von etwa 7 m erstreckten. Das Sichtmauerwerk ist in bestem Zustand. Der Charakter des Bauwerks mußte erhalten bleiben. Dazu gehören auch die Bänder aus Einfachfenstern in den für die Bauhauszeit typischen schlichten Eisenrahmen. Die heiztechnische Lösung der Aufgabe zeigt sich erstaunlich schlicht: Zwischen den Fensterflächen wurden an den Pfeilern senkrechte Strahlbänder angebracht. Die Heizrohre verlaufen in einem Sockel darunter. Aus der Transformatorenhalle wurde ein großzügig gestaltetes Wohnstudio. Alle Nebenräume sowie Arbeitsräume des neuen Eigentümers im Kellergeschoß werden ebenfalls durchgängig mit technischen Mitteln der Strahlenwärme beheizt. So zeigt diese Lösung einen überzeugenden Einsatz der Heiztechnik mit Strahlenwärme, ausgeführt von der Fa. sancal.

Die Heizungsbranche hat keine auch nur annähernd geeignete Technik anzubieten! Jede Art von luftheizenden Heizkörpern hätte nur den Luftraum unter der Decke erreicht. An den Abkühlungswänden der Außenwände hätte sich ein Kaltluft-Abstrom entwickelt, der den Aufenthaltsbereich des Wohnstudios ständig abgekühlt hätte.

Außer dem ästhetischen Gewinn bringt die gewählte Lösung einen raumklimatischen Vorteil. An jeder Stelle des Wohnstudios herrscht durch Strahlungsaustausch die gleiche Strahlungstemperatur. Der Eigentümer hat vor, eine Art Empore einzurichten, die über eine Treppe erreicht werden kann. Auch auf der Höhe der Empore wäre keine höhere Temperatur zu fühlen als unten. Der wirtschaftliche Vorteil dieser Heiztechnik zeichnet sich durch niedrige Betriebskosten aus. Die Erfahrungen des Herstellers sancal beweisen, daß sich durch die Physik der Strahlenwärme gerade in großen Aufenthaltsräumen ein außergewöhnlich niedriger Heizenergieverbrauch einstellt [COH 08].

6.4.2 Schloß Veitshöchheim

Das Schloß wurde 1680 bis 1682 als „Sommer- und Lusthaus“ des Würzburger Fürstbischof Peter Philipp von Dernbach nach Plänen des Werkmeisters Heinrich Zimmer erbaut. Balthasar Neumann fügte 1753 die seitlichen Pavillonbauten an und gab dem Dach und dem Treppenhaus seine heutige Gestalt. Die zwei Vollgeschosse haben Geschoßhöhen von etwa 5 m, das Dachgeschoß ist nicht ausgebaut. Die witterungs- und nutzungsbedingten Feuchte und Temperaturschwankungen beschädigten sowohl die bis zu 70 cm starke steinerne Konstruktion als auch die hochwertige mobile und wandfeste hölzerne Ausstattung.

Die konservatorische Zielstellung erforderte im musealen Bereich den Einbau einer klimastabilisierenden Hüllflächentemperierung, die vom Staatlichen Hochbauamt Würzburg und von der Bayerischen Schlösserverwaltung veranlaßt wurde. Die Durchführung der Arbeiten lag in den Händen des Architekten Konrad Fischer aus Hochstadt/Main, der mit seinen Fachleuten im Büro dieses Projekt souverän durchzog. Als Fazit schreibt er: *„Insgesamt belegt die Hüllflächentemperierung im Schloss Veitshöchheim die positive Wirkung der Wärmestrahlungs-Temperiertechnik im speicherfähigen Massivbau aus konservatorischer und energetischer Sicht, zumal im Vergleich zu High-Tech-Klimaanlagen mit allen Luftbehandlungs-Raffinessements mit doch wesentlich geringeren Investitions- und Betriebskosten.“* [Fischer 07, 07a].

6.4.3 Konstruktionen Fa. Gartner

Fast unzählig sind die vielen Projekte der Fa. Gartner. Neben Bürogebäuden und Banken wurden mittlerweile über 500 integrierte Fassaden für Flughäfen, Ausstellungsgebäude oder Hotels gebaut. Dabei werden die Heiz- und wenn nötig auch Kühlprobleme durch die Integrierte Fassade einwandfrei gelöst. Je nach Möglichkeit und Notwendigkeit wird die erforderliche Lüftung bei einer geschlossenen Fassade durch Zuluft in Brüstungsriegeln oder bei zu öffnenden Fassaden auch durch manuell bedienbare Fenster erreicht. Eine Vielzahl von gebauten Vorbildern steht zur Auswahl, als Beispiele werden genannt [Gartner 07]:

- zunächst einmal das eigene Konstruktionsbüro in Gundelfingen aus dem Jahre 1991 von Prof. Kurt Ackermann und Partner Jürgen Feit, Architekten BDA, München mit einer Fläche von 1800 m²,

- der Frankfurter Flughafen: und zwar Terminal A mit 25000 m² der Architekten von Busse, Blees, Kampmann+Partner Büch, München, Fertigstellung 1992 sowie Terminal 2 mit 12500 m² der Architekten J.S.K. Perkins & Will Frankfurt, Fertigstellung 1995,
- die Münchener Rückversicherungs-Gesellschaft, Fertigstellung 1995, mit 750 m² von den Architekten Denk, Mauder, Wisiol & Partner, München,
- Erweiterung der Commerzbank Zentrale in Frankfurt 1997 mit 10490 m² vom Architekten Sir Norman Foster & Partner, London,
- das Audi Betriebsrestaurant in Ingolstadt im Jahre 2001 mit 680 m² von den Architekten A-N-S, Darmstadt,
- 2006 das Büro- und Produktionsgebäude der Fa. alkiTechnik / Ingolstadt mit 700 m² von dem Architekten Peter Bachschuster in Ingolstadt,
- die BMW Welt im München mit 10000 m², als Architekt und Generalplaner COOP Himmelb(l)au, Prix & Swicinsky & Dreibholz ZT GmbH Wien, Fertigstellung 2007,

Auch frühe Projekte können ausgewählt und genannt werden [Gartner 78]:

- Kindergarten in Gundelfingen/Donau
  Als Bauherr fungiert die Katholische Kirchenstiftung St. Martin in Gundelfingen/Donau, der Architekt ist Helmut Haberbosch, Lauingen. Es handelt sich um eine Stahlkonstruktion und Fassadenverkleidung mit integrierter Heizung, Lüftung und Kühlung, Grundfläche 876 m².
- viele Schulen wie

  das Schulzentrum Waldschule in Eschweiler. Bauherr war die Stadt, geplant wurde das Projekt vom Büro Prof. Kühn, Prof. Meurer und Partner, Aachen. Es handelt sich auch hier um eine vorgehängte Fassadenkonstruktion mit integrierter Heizung, Lüftung und Kühlung oder

  das Johann-Michael-Sailer-Gymnasium in Dillingen/Donau. Bauherr war der Landkreis Dillingen, der Architekt Helmut Haberbosch, Lauingen. Für den Erweiterungsbau wurde ebenfalls eine Vorhangfassade mit integrierter Heizung eingebaut. Die Fassadenfläche des Hauptgebäudes ist mit 1567 m² recht umfangreich. Niedrige Vorlauftemperaturen und Wegfall der sonst üblichen Radiatoren sind auch hier spezifische Kennzeichen der Heiztechnik.
- viele Hallen-Schwimmbäder wie

  die Turn- und Schwimmhalle in Wertingen. Bauherr war der Landkreis Dillingen und die Architektengemeinschaft Wilhelm Wichtendahl und August Moll, Augsburg. Die Turn- und Schwimmhalle mit Anbauten für Umkleideräume, Duschen und dem Erfrischungsraum wurden in Stahlkonstruktion mit warmwasserbeheizten Stahlstützen ausgeführt.

  das Hallenschwimmbad mit Turnhalle Staatliche Realschule Lauingen / Donau. Der Architekt war Werner Baumann aus Dillingen. Auch hier wurden für die Gebäude und Anbauten warmwasserbeheizte Fassadenstützen gewählt, die als vertikal angeordnete Strahlungsheizkörper dienen.

Hallenschwimmbad Ettlingen des Architekten W. Kirchner aus Bielefeld. Auf dem in Beton ausgeführten Erdgeschoß ist das überkragende Obergeschoß in Stahlkonstruktion mit warmwasserbeheizten Fassadenstützen aufgesetzt. Die vertikal angeordneten Strahlungsheizkörper dienen mit optimaler Wärmeverteilung über die ganze Fensterhöhe. Durch die Wärmeabstrahlung der beheizten Stützen und die höhere Oberflächentemperatur der Doppelscheiben wird ein hoher Behaglichkeitsgrad für die Badenden erzielt.

Hallenbad Sindelfingen mit medizinischen Bädern und Saunen. Bauherr war die Stadt Sindelfingen, die Architekten waren Friedrich Tober & Partner Paul Nagler und Heinz Sailer aus Sindelfingen. Hier wurden Fassadenglaswände mit einer Fläche von 1400 m² in Stahlkonstruktion mit integrierter Heizung und Lüftung gewählt. Sämtliche Glaswandstützen sind an den Kreislauf der Warmwasserheizung angeschlossen und bilden zusammen mit der Verglasung eine beheizte Außenschale. Die Badenden sind in der Näher der Verglasung keiner direkten Kälteabstrahlung ausgesetzt.

- umfangreicher Wohnungsbau

  Wohnhaus Dr. Schweiger, Dillingen,
  Wohnhaus Dr. Sickmann, Dortmund-Aplerbeck,
  Wohnhaus Prof. Dr. Aach, Aachen-Lauensberg,
  Wohnhaus und Praxis Dr. Wick, Oldenburg,
  Mehrfamilienhäuser in Mettmann, Bauherr: A. und M.M. Troll.

Diese ausgewählten wenigen Beispiele zeigen bereits sehr deutlich, daß der Einbau strahlungsintensiver Heiztechnik schon seit Jahrzehnten aktuell ist, obgleich die Theorie mißverständlich interpretiert wird.

6.5 Fehlerhafte Äußerungen zur Strahlung

Wenn es um die gutachterliche Tätigkeit geht, dann ist stets ein Mangel an theoretischem Wissen festzustellen und deshalb sehr zu beanstanden. An der sich eingefahrenen Orientierung an der Konvektionsheizung, man denke nur an den immer wieder gemachten Hinweis „in Anlehnung an DIN EN 442“, hat sich bis jetzt leider nichts geändert – man bewegt sich weiterhin zum Schaden der Nutzer auf den bisherigen Pfaden und verheddert sich damit unweigerlich im Gestrüpp einer mißverstandenen und mißgedeuteten Theorie.

Entlastend für fehlgeleitete Gutachter sei bemerkt, daß sie es nicht anders gehört und gelernt haben – seit jeher wird die Strahlungsphysik und damit die theoretische Durchdringung der strahlungsintensiven Heiztechnik an den Ausbildungsstätten wie Universitäten und Fachhochschulen fehlerhaft gelehrt.

Belastend allerdings für die vielfach fungierenden „Gut“achter wirkt allerdings fast überall die vorzufindende Resistenz, mit der an den alten Fehlern krampfhaft festgehalten wird. Man fühlt sich in einem solchen Falle offensichtlich außerstande, Naturgesetze, Logik und Mathematik bis zur letzten Konsequenz zu registrieren, zu analysieren, zu bewerten und anzuerkennen – man verharrt bei der gewohnten Kost und ignoriert lieber. Dies aber ist äußerst blamabel und wirft nur Schatten auf den selbst verordneten Glorienschein der hohen Wissenschaft.

Wenn nun Beispiele aufgeführt werden, so sollen dabei nur die Sachzusammenhänge, die fehlerhaften Argumentationen und die oft kurios anmutenden Schlußfolgerungen erwähnt werden. Da es sich auch um Zitate aus geführten Briefwechseln fachtechnischer Art handelt, gebietet es die Diskretion, nun die beteiligten Personen nicht öffentlich an den Pranger zu stellen.

6.5.1 Stellungnahme eines Beratenden Ingenieurs

Durch die erstmalige Veröffentlichung der intensiv erarbeiteten Strahlungstheorie als 6. Ergänzungslieferung im Januar 1998 in [Meier 95] wurde im Mai 1998 das gesamte Werk aus dem Verkehr gezogen. Die Verbreitung dieser wissenschaftlichen Erkenntnisse war in der Folge dann recht schwierig.

Die Vorgeschichte zur Veröffentlichung des Artikels „Humane Strahlungswärme“ [Meier 01], die sich ab August 1998 über zwei Jahre hinzog, ist recht beachtenswert. Zur vermeintlichen Absicherung der Inhalte wurden verschiedene „Fachleute“ zwecks Beurteilung eingeschaltet. Ursache für diese Verzögerungen war unter anderem auch eine Stellungnahme eines seit Mitte der fünfziger Jahre leitenden Ingenieurs vom Dezember 1998, der sich auch als Energieberater ausbilden ließ. Nach einigen Telefonaten und Austausch von Informationsmaterial wurde von besagtem Ingenieur ein Brief geschrieben. Hieraus wird zitiert:

„Ich habe Sie im Verdacht, daß Sie eine revolutionierende Erfindung gemacht haben, die es ermöglicht, aus einer Heizwand mehr Energie herauszuholen als man hinein bringt.“ Und weiter: *„Das ist sicher die umwälzendste Erfindung unserer Zeit, Herr Professor, da sehe ich Sie schon mit dem Bundesverdienstkreuz herumlaufen. Doch Scherz beiseite, und wieder zur Sache. Ich schlage Ihnen vor, selbst Versuche fahren zu lassen, wobei ich gerne behilflich sein will, falls erwünscht. Ein Vorschlag, der aus Ihrer Ignoranz resultiert, im Bezug auf die Versuchsberichte, die Sie nicht erwähnt haben.“*

An anderer Stelle wird dann geschrieben: *„Da Sie nun eine Menge Staub aufgewirbelt haben, sollten Sie sich verpflichtet fühlen, die Sache auf einen wissenschaftlich fundierten und praktikablen Stand zu bringen.“*

Dieser Aufforderung wird unter anderem auch mit diesem Buch entsprochen. Im übrigen handelt es sich um keine Erfindung, sondern um die simple Tatsache, Naturgesetze und die Logik wieder für die Technik entdeckt zu haben, also um eine Wiederentdeckung von bereits vorhandenem Wissen. Das aber liegt ja wohl auch durchaus im Sinne und Interesse der Wissenschaft – oder etwa nicht?

6.5.2 Fatale Prüfmethoden

Eine technologisch und innovativ nach vorn drängende Firma auf dem Gebiet der Kunststoffstrahlplatten ist nach jahrelangem Experimentieren und Forschen nun letztendlich auch sehr stark daran interessiert, die Leistungsfähigkeit der entwickelten und angebotenen Produkte von offizieller Seite meßtechnisch analysieren und bewerten zu lassen. Nur ist dann schlußendlich das Ergebnis dieser Prüfungen leider mehr als fatal und wirft ein eklatantes Licht auf das Wissen und die Erkenntnisse der beteiligten „Wissenschaftler“, die von Strahlung nur nebulöse

Vorstellungen haben – oder, was viel schlimmer ist, die wahren Sachverhalte weiterhin verschleiern wollen.

In dem Bericht eines renommierten Prüfinstitutes aus Stuttgart werden nun folgende fragwürdige Aussagen gemacht:

1. Die Prüfungen werden „in Anlehnung“ an bereits vorliegende Prüfnormen für Fußbodenheizungen und Deckenstrahlplatten durchgeführt. Es wird sogar eine Prüfnorm für „Lüftung von Gebäuden“ mit herangezogen. Da diese jedoch alle nach thermodynamischen Kriterien aufgestellt wurden, dürfen sie bei der Strahlung nicht angewendet werden. Die Lüftungsnorm ist bei der Strahlung sogar vollständig fehl am Platze.
2. Allein die thermodynamischen Regularien bestimmen das Prüfverfahren, denn es wird die Raumtemperatur auf ca. 20, 21 bzw. 22 °C eingestellt. Damit aber werden die strahlungsrelevanten Kriterien der Quantenphysik verlassen und fehlerhafte Ergebnisse erzielt. Der Hinweis *„Dieses Verfahren liefert verlässliche Werte zur jeweils aufgenommenen und abgegebenen Leistung“,* ist deshalb mehr ein Wunschdenken, eine Fata Morgana.
3. Im Verlauf der Erläuterung wird auch gesagt, daß die Strahlung durch die nach außen vorhandene Glasscheibe hindurch tritt. Dies aber wäre ein physikalisches Phänomen, denn die langwellige Energiestrahlung ist nicht in der Lage, Glas zu durchdringen.
4. Bei der gewählten Meßapparatur werden Wärmeströme in W/m² gemessen. Bei einer Strahlplatte jedoch muß die Strahlungsleistung in W/m² nach Stefan-Boltzmann bestimmt werden. Diese hängt allein von der vierten Potenz der Oberflächentemperatur ab. Nicht Wärmeströme, sondern Strahlungsleistungen müssen ermittelt werden.
5. Die Untersuchung führt zu der Aussage, daß sich wiederum eine gute Übereinstimmung zwischen der aufgenommenen elektrischen Leistung und der über die Zeit abgegebenen Wärmeleistung findet. Bei diesem Finden hat man offensichtlich lange gesucht, denn die aufgenommene Leistung hat bei der Strahlung nun wirklich nichts mit der abgegebenen Leistung zu tun, denn diese hängt allein von der vierten Potenz der absoluten Oberflächentemperatur ab.
6. Die Zusammenfassung der Meßergebnisse zeigt nun in gehorsamer Eintracht zu der falschen Prämisse „Leistungsaufnahme sei Leistungsabgabe“ und zu den nicht anwendbaren DIN-Normen die approximative Behandlung der mittleren elektrischen Leistungsaufnahmen. Diese Fährte jedoch führt gemäß Punkt 5 in die Irre und zu falschen Ergebnissen.
7. Diese fehlerhaften Ergebnisse werden nun noch, sozusagen als Spitzenleistung totaler Verirrung, mit einer Funktion $y = ax^b$ dahingehend approximiert, daß bei einer einzuregulierenden Soll-Temperatur x von 0 °C für das Strahlungselement eine Wärmeabgabe von ebenfalls 0 W prognostiziert wird. Dies aber ist potenzierter Unsinn. Eine temperierte Fläche von 273 K, eben 0 °C, strahlt als unpolarisierter „Schwarzer Strahler“ nach Stefan-Boltzmann immerhin noch mit rund 315 W/m². Hier keine Strahlungsleistung anzunehmen, ist der bewußte kapitale Denkfehler, der überall vorzufinden ist.

8. Der Anteil der Strahlung wird „abgeschätzt“ und in diesem Falle mit ca. 60% bzw. 75% angegeben. Dies ist ebenfalls fragwürdig, denn von vornherein kann dies nicht bestimmt werden. Der Strahlungsanteil hängt maßgebend von der Oberflächentemperatur der Strahlfläche ab. Wird die Konvektion zu Null (gleiche Raumluft- und Oberflächentemperatur) dann wird der Strahlungsanteil 100%, bei höheren Oberflächentemperaturen als die Raumluft jedoch wird dieser Strahlungsanteil entsprechend kleiner.

Zusammenfassend kann gesagt werden: Die Meßmethoden unter Beachtung bestehender Normen sind für Strahlungsheizungen nicht anwendbar, für diese müssen Prüfmethoden herangezogen werden, die sich quantenmechanischen Kriterien unterordnen. Diese aber gibt es noch nicht – dies wäre eine zukünftige Aufgabe, die unbedingt angegangen werden muß, denn die Strahlungsheizung ist die Heiztechnik der Zukunft. Will Wissenschaft nicht rettungslos hinter der schon lange bewährten Praxis hinterherhinken, dann muß sie sich endlich dazu aufraffen. Es gilt, die krankmachende Konvektionsheizung endlich abzulösen.

6.5.3 Skurrile Aussagen eines Wissenschaftlers

Gegen die Temperierung wird auch von wissenschaftlicher Seite arg geschossen. In [Trogisch 02] wird die Frage gestellt, inwieweit Museen als Opfer der Temperierung zu betrachten sind. Der Aufsatz beginnt mit den Worten: *„In den letzten Jahren werden Heizungsplaner durch eine gezielte Argumentation des Propagandisten der ‚Temperierung' bei Bauherren, insbesondere im musealen Bereich und beim Denkmalschutz, mit dieser Lösung zur Beheizung konfrontiert. Es ist für den Heizungsplaner im Allgemeinen schwer, plausibel und allgemein verständlich für den Nutzer und Bauherrn dieser Argumentation zu entgegnen.“*

In der Tat, es ist bei Unkenntnis der physikalischen Grundlagen furchtbar schwierig, den Strahlungsargumenten stichhaltig und überzeugend etwas entgegen setzen zu können, weil die technischen und wissenschaftlichen Fakten einfach nicht zu widerlegen sind. Insofern grenzt es an Überheblichkeit und Arroganz, wenn dann weiter gesagt wird: *„Die folgenden Gesichtspunkte sollten deshalb bei der Diskussion Berücksichtigung finden.“* Wenn dies geschieht, dann begibt man sich jedoch unweigerlich auf die Verliererstraße [Kotterer 04]. Warum ist dies so?

Der Autor bezieht sich dabei auf einige aus physikalischer Sicht fragwürdige Veröffentlichungen und übernimmt deren Schlußfolgerungen, *„dass diese ‚Temperierung' eine sehr umstrittene und zweifelhafte Heizungsanlage in historischen Gebäuden sein kann.“* Es wird also eine Vermutung ausgesprochen, die als solche überhaupt nicht ausreicht, um überzeugend und stichhaltig zu sein. Wenn es sich hier auch um eine spezielle bautechnische Umsetzung strahlungsspezifischer Erkenntnisse handelt, über die man z. B. wegen des erforderlichen baulichen Eingriffs in historische Bausubstanz durchaus auch geteilter Meinung sein kann, so wird doch durch eine völlig fehlerhafte Argumentation versucht, die Temperierung als Ganzes herabzuwürdigen und zu diffamieren. Dies wird nun durch Hinweise auf die Physik und auf bestehende DIN Normen unterstrichen. Gerade dies aber ist unlauter, weil es für Strahlung keine oder nur fehlerhafte Normen gibt. Ausweichend wird dann jedoch die Frage gestellt: *„Warum viel verbauen,* *wenn offensichtlich wenig genügt.“* Auf diese Suggestivfrage würden nun all die armen Bauherren und Museumsverantwortlichen hereinfallen – und dennoch ist diese Frage berechtigt, denn es wird in der Tat bei der strahlungsintensiven Heiztechnik viel investiver Aufwand und vor allem Betriebskosten gespart.

Völlig falsch ist der Rückgriff auf bestehende DIN-Normen, um den Angriff auf die Temperierung zu untermauern und zu begründen. Der Glaube an die Richtigkeit von DIN-Normen wird mit dem Satz bestätigt: *„Dass die Methode im Missklang mit gängigen DIN-Normen steht, fischt die Anwender nicht an.“* Und weiter wird dann polemisiert und beanstandet, daß dafür gleich die Verteidigungsschrift mit auf den Tisch gelegt wird: *„DIN-Normen haben nicht den Charakter einer Rechtsnorm. Sie sind also keine Vorschriften, sondern Empfehlungen, deren Anwendung freisteht. Die Fachwelt ist sogar verpflichtet, bei Feststellung einer Diskrepanz zwischen Theorie und physikalischer Realität des Standes der Technik einen besseren Technikstand zu suchen und den zur neuen Grundlage der Tätigkeit zu machen.“* Dieses Zitat stimmt voll und ganz und kann nur bestätigt und bekräftigt werden. Die weitverbreitete DIN-Gläubigkeit ist nicht angebracht, man sollte statt dessen Verstand, Naturgesetze und die Logik walten lassen.

Im Gegensatz dazu wird aber weiter polemisiert: *„Wie gesagt, eine neutrale wissenschaftliche Untersuchung packt er seiner Theorie nicht bei. Maximal die Ergebnisse der ersten Betriebsjahre. Die sprechen aus der Sicht des thermodynamischen Laien für die ‚Temperierung': In den meisten Fällen hatten die Gebäude vorher keine Heizung; nun wärmt dort irgendetwas und das ist allemal besser als nichts. So einfach ist Verkaufspsychologie.“* Hier zeigt sich die ganze Widerwärtigkeit „wissenschaftlicher“ Argumentation.

Eine „neutrale“ wissenschaftliche Untersuchung ist nicht zu bekommen, denn heutige „Wissenschaft“ fördert auf diesem Gebiet keine Erkenntnisse zutage, sondern nur Bekenntnisse zu bisherigen Irrtümern. Warum eigentlich sind die energetischen Ergebnisse der ersten Betriebsjahre nicht Grund genug, über die Ursachen hierfür einmal nachzudenken.

Bei einer Strahlungsheizung ist die Sicht eines Thermodynamikers völlig belanglos, denn es handelt sich um Quantenmechanik. Wenn der Anwender oder Bauherr nun als „thermodynamischer Laie“ disqualifiziert wird, so bestätigt dies nur die quantenmechanische Laienhaftigkeit des Schreibers dieser Zeilen.

Skrupellos wird weiter argumentiert, daß *„in den meisten Fällen vorher keine Heizung vorhanden gewesen sei“*: Was aber ist zu den „wenigsten“ Fällen zu sagen? Hierzu fehlt eine Stellungnahme. Und aus diesem Kauderwelsch wird dann geschlußfolgert, ein bißchen Heizung sei besser als gar keine Heizung. Blamabler kann eine „Gegendarstellung“ nicht ausfallen.

Aber dann geht es weiter mit fehlerhaften Argumenten: *„Bei der Temperierung würde versucht, mit thermodynamisch nicht nachvollziehbaren Darlegungen die Vorteile des Verfahrens nachzuweisen.“* Die Vorteile sind nicht thermodynamisch, sondern quantenmechanisch nachzuvollziehen, dies ist der gewaltige Unterschied, scheint aber in der etablierten Heizungsbranche nicht bekannt zu sein.

Dann wird festgestellt: *„Es ergibt sich ein konvektiver Wärmeübergang von ca. 3,5 W/m²K. Der Wärmeübergang durch Strahlung läge bei 4 bis 4,5 W/m²K, das* *heißt, etwa 45% der Gesamtwärmeabgabe würde konvektiv erfolgen."* Großer Irrtum: Einen Wärmeübergangskoeffizienten „Strahlung" von Oberfläche zu Luft kann es nicht geben, denn Luft ist für Strahlung diatherm. Somit ist der Wert „ca. 4 bis 4,5 W/m²K" eine reine Fiktion, das Produkt einer irrealen virtuellen Welt.

Auch wird die konvektive Aufwärtsströmung und die ungenügende Berücksichtigung der Konvektion vielgestaltig behandelt. Bei einer Strahlungsheizung jedoch ist Konvektion zwar nicht zu vermeiden, doch sollte diese durch technische Lösungen minimiert werden. Die thermodynamisch zu sehende Konvektionsheizung muß überwunden werden und durch eine Strahlungsheizung ersetzt werden – das ist das Gebot der Stunde.

Sehr richtig wird in dem Artikel geschrieben: *„Wenn man berücksichtigt, dass es zwar für Wandheizflächen schon mehrere Anbieter gibt, aber bisher keine genormten Berechnungsvorschriften für die Norm-Wärmeleistung, scheint es für den Heizungsplaner äußerst schwierig zu sein, eine ordentliche Planung vorzunehmen und die Gewährleistung zu übernehmen. Dies bedeutet, dass die Dimensionierung des Heizungsrohres und die Wahl der Heizmitteltemperatur bei der ‚Temperierung' rein empirisch erfolgen müssen."* Genauso ist es. Da die wie immer geartete Heizungsbranche bisher die theoretische und praktische Durchdringung einer Strahlungsheizung nicht vollzogen hat, glaubt man tatsächlich, damit den Siegeszug dieser humanen Heiztechnik aufhalten zu können. Dabei sind die empirischen quantenmechanischen Ergebnisse viel überzeugender als jede noch so weit hergeholte „thermodynamische" Polemik.

Als Alternative zur Temperierung werden Flächenheizsysteme in Form von Fußbodenheizungen angeboten. Warum dies? Weil es vielleicht hier bereits „anerkannte Normen" gibt, so daß man nach bewährtem Muster wie bisher „planen und gewährleisten" kann?

Dann heißt es, ein anderer Lösungsansatz sei die Wandflächenheizung: *„Damit könne ein ausreichender Konvektionsstrom erzeugt werden, der die Gefahr der Kondensation und damit der Schimmelpilzbildung vermindere."* Nach wie vor denkt man in der Heizungsbranche konvektiv. Es wird sogar eine Prinzipskizze für die Nutzung der Wandheizfläche als „konvektive" Luftheizung gezeigt und vergleicht diese Lösung mit der „Hypokaustenheizung der Römer". In den Köpfen der Heizungsplaner spukt immer wieder die Konvektionsheizung herum. Wichtig für den Planer wird jedoch, die Gefahr von Kondensat und damit Schimmelpilz nicht nur zu vermindern, sondern zu vermeiden – das aber kann nur eine Strahlungsheizung, damit aber auch die Temperierung. Dies scheint dem Autor nicht bekannt zu sein. Der Vergleich der „konvektiven Luftheizung" mit der Hypokaustenheizung der Römer ist absurd. Die Hypokaustenheizung war eine reine Strahlungsheizung durch temperierte Flächen, die mittels Hohlziegeln oder Tonrohren durch Warmluft erwärmt wurden. Das Wort Hypokausten soll wohl den Eindruck erwecken, die empfohlene „Warmluftheizung" sei eine schon seit den Römern erprobte Technik. Mitnichten mit diesem Hinweis wird entweder falsch informiert oder Unwissen dokumentiert.

Auch wird die Kondensation der Raumluft mit einem unzureichenden Wärmeschutz begründet, da die Oberflächentemperatur unter die Taupunkttemperatur sinke. Ein auch noch lediglich stationär berechneter Zustand hat bei der Würdigung einer Temperierung überhaupt nichts zu suchen, da die Oberflächentemperaturen stets höher sind als die Raumlufttemperatur. Hier wird ausgesprochene wissenschaftliche Makulatur präsentiert.

Als Fazit wird unter anderem gesagt: *„Richtig ausgelegte Fußbodenheizung oder auch Wandheizung stellen zu empfehlende Möglichkeiten zur Beheizung dar und sind eine echte Alternative zur ‚Temperierung'. Nur durch eine ausreichende Konvektionsströmung an ‚kalten Flächen' können Kondensationserscheinungen und auch ‚Fallströmungen' vermieden werden."* Die Protektion von fragwürdigen, krankmachenden Konvektionsheizungen eignet sich nun wirklich nicht für eine sachgerechte Würdigung der Temperierung.

Wenn dann noch in einem Extrablock mit der Überschrift „Aufregung im Fachverband Bayern" berichtet wird, daß nach einer Umfrage bei Anwendern, Nutzern und Wissenschaftlern den Fachbetrieben dringend geraten wird, *„bei entsprechenden Planungen Bedenken anzumelden"*, dann wird damit die systematische Verunglimpfung der strahlungsintensiven Heiztechnik offenkundig, zumal man sich bei dieser Aussage *„auf das Urteil zahlreicher Bauphysiker stütze."* Bauphysiker sind, das zeigt die tägliche Erfahrung, manipuliert und fehlinformiert. Deren Aussagen sind interessenorientiert und deshalb meist falsch [Meier 07].

Abschließend wird dann noch vermeldet, *„Diese Information im offiziellen Organ des Verbandes brachte natürlich die Befürworter in Harnisch und löste eine breite Diskussion mit zahlereichen Briefen, Meinungen, Gutachten und Gegengutachten aus. Aber auch nach dieser Diskussion konnten die Protagonisten keine entscheidenden Pluspunkte verbuchen."* Dieses Resümee gleicht dem „Rufen im Wald" als Ersatz für überzeugende Gegenargumente, denn die Sachverhalte sind eindeutig und unwiderlegbar. Wegen des Unwissens der „Experten" über die Strahlung ist weniger Wut angebracht, sondern vielmehr grenzenloses Mitleid über soviel Resistenz und Unfähigkeit, zusammengefaßte Fakten zu ordnen, zu analysieren und zu bewerten.

6.5.4 Temperierte Kirche

Strahlung ist in aller Munde. Das aktiviert natürlich auch die etablierten „Strahlungsphysiker" und animiert zu „Forschungsvorhaben". Damit aber offenbaren sich durch die Analyse dieser Forschungsergebnisse in eklatanter Weise die leider immer noch vorhandenen Wissenslücken über die physikalischen Grundlagen der Temperierung, die sich als Ausfluß strahlungsintensiver Heiztechnik ausschließlich der Quantenmechanik unterzuordnen haben.

In den Jahren 1986 bis 1991 bearbeitete das Fraunhofer Instituts für Bauphysik das Forschungsprojekt „Kirchenheizung", worüber in dem Buch „Bauphysik und Denkmalpflege" berichtet wird [Künzel 07]. In einem extra Kapitel „Heizen und Temperieren" setzt man sich zunächst mit dem Beheizen von Kirchen auseinander, wobei die Luftheizung, aber auch die Fußbodenheizung im Mittelpunkt stand. Über die Arbeitsergebnisse wurde eingehend berichtet. Aber bereits bei einer überschlägigen Analyse muß beanstandet werden, daß die angewendete „Forschungsmethodik" zwar viel Aufwand erforderte, jedoch arg wenig an neuen Erkenntnissen erbracht hat.

Der Dokumentation einer fünfjährigen Meßreihe von Lufttemperatur, relativer Feuchte und Wasserdampf-Partialdruck im Ulmer Münster können nur Selbstverständlichkeiten und damit ausgesprochene „Forschungs"- Banalitäten entnommen werden. Diese drei Klimamerkmale sind naturgesetzlich bedingt funktionell miteinander verknüpft, so daß der ganze Aufwand blinder Aktionismus war und demzufolge völlig umsonst ist. Temperatur und dazugehöriger Wasserdampfsättigungsdruck (100% relative Feuchte) können jeder Tabelle entnommen werden und der Partialdruck verhält sich proportional zur relativen Feuchte. Damit wird eigentlich Nonsens „erforscht". Sollten davon Abweichungen auftreten, so handelt es sich um die üblichen Meßfehler – neue Erkenntnisse jedenfalls sind diesbezüglich dieser „Forschungsarbeit" nicht zu entnehmen.

Der im Text erwähnte Einfluß von Absorption und Desorption von Feuchte, der durchaus kurzfristige Schwankungen der relativen Feuchte nach sich zieht, wird durch die Wahl von Monatsmittelwerten sowieso überspielt und damit ausgeklammert. Auch die Darstellung der Zeitverläufe als Wochenmittelwerte von Temperatur, relativer und absoluter Feuchte ändert nichts an dieser grundsätzlichen Aussage – es wurde Nonsens „erforscht".

In einem gesonderten Abschnitt wird dann die Temperierung untersucht. Einleitend wird festgestellt, daß *„bei einer Bewertung dieser inzwischen in verschiedenen europäischen Ländern verbreiteten Methode zum Einen die behauptete physikalische Funktionsweise und zum Anderen die Ergebnisse bei Anwendung in der Praxis kritisch zu betrachten sind."* Diese „kritische Betrachtung" allerdings glänzt durch Unwissen über die Wirkungsweise von Strahlung und damit von Temperierung. Nur so sind die abstrusen Aussagen zu erklären.

Es beginnt damit, daß die Temperierung als Randheizung im Material lediglich zur Vermeidung von an gefährdeten Stellen eventuell auftretendem Tauwasser eingesetzt wird. Hierzu werden Heizrohre in vorhandener Bausubstanz eingemörtelt, damit diese erwärmt wird. Hierzu ist zweierlei zu sagen:

1) Die Temperierung des Materials geschieht bei der Strahlungsheizung generell durch Strahlungsaustausch zwischen unterschiedlich temperierten Oberflächen; dies ist physikalisch bedingt. Eine Beschränkung auf bestimmte Materialteile entstammt der üblich gewordenen thermodynamischen Denkweise, einer desaströsen Luftheiz-Philosophie, die endlich überwunden werden muß.

2) Die Temperierung oder Erwärmung des Materials muß nicht von „innen" erfolgen, hier werden unnötige energetische Verluste in Kauf genommen; viel effektiver ist die Erwärmung des Materials von außen, also durch Direktbestrahlung vom Innenraum aus.

Weiter wird behauptet, *„die Darstellung der Funktionsweise sei viel zu pauschal."* Eine pauschalierte Aussage ist doch keine falsche Aussage, hier nun zu vermuten, daß die detaillierten Angaben fehlen, ist ein probates Mittel, die Temperierung als Ganzes negativ zu bewerten – das aber ist nun wirklich ein Fehlurteil.

Die Physik der Luftheizung und die Physik der Strahlungsheizung werden als gemeinsame Grundlage gesehen, was recht fatal ist. Immerhin heißt es: *„Handelt es sich überwiegend um eine Bauteiltemperierung zur Vermeidung von Tauwas-*

ser, Algenbildung und Modergeruch, dann ist dies positiv zu werten. Eine Erweiterung der Temperierung zur Wandheizung ohne zusätzliche Außendämmung ist aber wegen erhöhter Transmissionswärmeverluste eindeutig abzulehnen." Hier zeigt sich die ganze Misere etablierter Heiztechnik. Es wird alles, sowohl das stationäre U-Wert-Denken als auch Konvektion und Strahlung, in einen Topf geworfen und dann verkündet, Temperieren sei als Heizung nicht brauchbar. Dies wird bekräftigt auch durch die Aussage: *„Auf dem Strahlungsaustausch zwischen Oberflächen unterschiedlicher Temperatur beruht die Wirkung von Fußboden- Wand- und Deckenheizungen; dies ist keine Besonderheit der hier vorgestellten Temperierung."* Hier wird es deutlich: Die Besonderheit der Temperierung als Folge einer Strahlungsheizung auf der Grundlage der Quantenphysik wird nicht gesehen. Munter wird alles durcheinandergemischt.

Um sich vor grundsätzlichen Aussagen zu drücken, wird, und das ist immer ein Zeichen dubioser Aktivitäten, zum Schluß erklärt: *„Über die zweckmäßige Art und Betriebsweise der Heizung muss daher im Einzelfall entsprechend der jeweiligen Gegebenheiten entschieden werden."* Dies hat erstens für den „Forscher" den Vorteil, bei den eigentlich erwarteten und deshalb notwendigen Empfehlungen keine klaren Aussagen machen zu müssen und zweitens damit bereits die Voraussetzungen zu schaffen, weitere „Forschungsgelder" beantragen zu können. Fast immer steht am Ende eines Forschungsberichtes dem Sinne nach: „Um endgültige Aussagen machen zu können, bedarf es weiterer Untersuchungen." Damit wird versucht, weitere Drittgelder zu sichern; man kann weiterhin ungeniert immense „Honorare" (das heißt Ehrensold) kassieren.

6.5.5 Verworrene akademische Feststellungen

Über Temperierung wird auch in [Reyer 00] berichtet. Dabei wird ein „vertikales Temperiersystem" (VTS) mit einem konventionellen Heizsystem verglichen, wobei im Endergebnis sogar festgestellt wird, daß der Einsatz eines VTS qualitativ zu einem behaglicheren Raumklima, einem niedrigeren Heizenergieverbrauch und auch zu einer reduzierten Mauerwerk-Feuchte führt. Allein dies wäre ja für ein positives Votum schon völlig ausreichend. Quantitativ jedoch liegt die Veröffentlichung völlig daneben. Dies aber war das Ziel; denn man wollte eine „energetisch korrekte Auslegung von VTS" damit ermöglichen.

Diese Korrektheit aber läßt sehr zu wünschen übrig. Das beginnt mit der Orientierung an DIN-Normen, die für die Bewertung und Beurteilung einer Strahlungsheizung nicht anwendbar sind. Hier sind zu nennen: DIN 4108 – Wärmeschutz und Energieeinsparung in Gebäuden; DIN 4701 – Wärmebedarf von Gebäuden; DIN EN 442 – Radiatoren und Konvektoren; DIN 4725 – Fußbodenheizung, Heizleistung; DIN EN 1264 – Fußbodenheizung, Wärmeleistung; DIN 1946 – Raumlufttechnik. Diese „Normen" repräsentieren alle „Thermodynamik" und keineswegs die hier erforderlich werdende Quantenmechanik. Insofern wird das gestellte Thema von vornherein schon verfehlt.

Dies zeigt sich dann auch im weiteren Verlauf der „Bearbeitung". Hier sind markante Irrtümer und Fehlschlüsse zu registrieren:

- „Zur Begrenzung der Transmissionswärmeverluste bestünden gesetzliche Restriktionen“, zur Begründung hierfür wird die DIN 4108 herangezogen. DIN-Normen jedoch sind kein Gesetz, sondern Empfehlungen, dies scheint den Verfassern nicht bekannt zu sein.
- Folgende Einflußfaktoren werden meßtechnisch erfaßt: die Raumlufttemperatur, die raum- und außenseitigen Oberflächentemperaturen sowie die relative Luftfeuchte. Diese Faktoren sind, bis auf die raumseitige Oberflächentemperatur, für eine Bewertung irrelevant. Jedoch die Chance, aus der Oberflächentemperatur entsprechende Leistungsdaten nach Stefan-Boltzmann abzuleiten, werden vertan.
- Es wird ein „Behaglichkeitsbereich“ der Raumlufttemperatur zwischen 19° und 23 °C deklariert. Diese Festlegung ist fehlerhaft, denn Behaglichkeit wird aus Raumlufttemperatur *und* Oberflächentemperatur abgeleitet. Und hierfür reichen bei einer Strahlungsheizung auch Raumlufttemperaturen von durchaus unter 19 °C aus.
- Der Heizenergieverbrauch wird mit einem Wärmemengenzähler gemessen. Dadurch aber wird die „eingespeiste“ Wärme gemessen, beim Temperiersystem jedoch ist für die Leistungsabgabe nach Stefan-Boltzmann die Oberflächentemperatur der Strahlfläche maßgebend; das wird souverän übersehen.
- Um Temperaturunterschiede der Oberflächen in den Referenzräumen zu beurteilen, werden jeweils „Halbraum-Strahlungstemperaturen“ berechnet. Einfacher wäre es allerdings, hier die Temperaturen zu messen. Dies wäre einfacher und genau gewesen, denn eine Berechnung wird von Fehlern nur so strotzen.
- Das beginnt mit der Einstrahlzahl φ, die bei einem Innenraum überflüssig ist . Durch fortwährende Reflektionen bleibt die emittierte Energie automatisch im Raum, so daß auf φ verzichtet werden kann.
- Die Krönung jedoch ist der Gebrauch des Wärmeübergangskoeffizienten für Strahlung. Einen solchen gibt es nicht, kann es nicht geben, denn Luft ist für Strahlung diatherm. Insofern kann es auch keine Addition eines Wärmeübergangskoeffizienten/Strahlung und Wärmeübergangskoeffizienten/Konvektion geben. Dies ist ein vollkommenes und virtuelles Produkt reinster Phantasie.
- Das methodische Durcheinander zeigt sich auch in der Aussage: „Die Auslegungs-Wärmeleistung des Temperiersystems kann auch für abweichende Vor- und Rücklauftemperaturen bestimmt werden, da *sie linear von der Heizmittelübertemperatur abhängt.“* Eine Übertemperatur ist unsinnig, da die Wärmeleistung der Strahlung sich nach Stefan und Boltzmann proportional zur vierten Potenz der absoluten Temperatur der Strahlfläche verhält.
- Das Ergebnis dieser fundmentalen Fehler zeigt sich dann auch in der Aussage: *„Bei entsprechend dichter Verlegung der Rohrleitungen kann eine Auslegungs-Wärmeleistung von bis zu 135 W/m² erreicht werden.“* Ein solches Ergebnis ist blamabel. Es ist einfach absurd, bei der Strahlungsheizung sich in derartigen Leistungs-Niederungen bewegen zu wollen.

Diese fehlerhafte Arbeit wurde dann noch in der Festschrift „zum 60. Geburtstag von Karl Gertis“ veröffentlicht, was besonders erwähnt wurde. Inhaltlich gesehen war dies durchaus der adäquate Ort, dort gehört sie hin.

Allerdings müssen auch Aussagen erwähnt werden, die die Vorteilhaftigkeit und Zweckmäßigkeit von Temperiersystem herausstellen:

- Das Vertikalprofil der Raumlufttemperatur ist beim Temperiersystem (zwischen 19,3 und 20,3 °C) wesentlich günstiger als bei der konventionellen Heizung (zwischen 18,9 und 23,7 °C). Diese größere Spreizung führt zu erhöhter Luftgeschwindigkeit, zur Staubaufwirbelung und damit zur gesundheitlichen Beeinträchtigung (Sick-Building-Syndrom).
- Die gleichmäßige Verteilung der Oberflächentemperaturen bedingt eine vorteilhaft zu beurteilende thermische Behaglichkeit. Während das Raumklima beim Temperiersystem von weniger als 10% der Personen als kühl oder zu kalt empfunden wurde, waren es bei der konventionellen Heizung immerhin annähernd 25%.
- Beim Temperiersystem wird, trotz der unmittelbaren Beheizung der ungedämmten Außenwände, gegenüber der konventionellen Heizung ein um 15% niedrigerer Heizenergieverbrauch gemessen.
- Durch den Einbau des Temperiersystem verringerte sich schon nach vier Monaten die Mauerwerk-Feuchte deutlich, während bei der konventionellen Heizung alles beim alten blieb.

Gerade diese positiven Aspekte allein genügen schon, daß ein Temperiersystem der konventionellen Heizung weit überlegen und deshalb vorzuziehen ist.

6.5.6 Gerichtliche Auseinandersetzung

Die allgemeine Unwissenheit über die physikalischen Zusammenhänge einer Strahlungsheizung werfen ihre trüben Schatten sogar auf die Gerichte und werden damit aktenkundig. Das Phänomen Strahlungsheizung nimmt dann manchmal auch sarkastische, wenn nicht sogar brutale Züge an. Werden bei der Leistungsbestimmung einer Strahlungsheizung von der Lieferfirma die durch Erfahrung bestätigten Werte dem Kunden nahegebracht, so kann es passieren, daß dieser, aus welchen Gründen auch immer, nach erfolgtem Einbau die Erfüllung des Zweckes des abgeschlossenen Vertrages infrage stellt. Es wird lapidar erklärt: „Die gelieferte Heizanlage heizt ungenügend.“ Meist sollen infolge solcher behaupteter „fehlerhafter Lieferungen“ Kosten durch Minderung eingespart werden. Diese nach Meinung des Kunden erbrachte „Minderleistung“ soll dann gutachterlich bestätigt werden und so beginnt das große technische und juristische Dilemma. Die unterschiedlichen Auffassungen sollen natürlich zusätzlich durch ein Gericht bewertet, beurteilt und entschieden werden.

Da dem Gericht jedoch in solchen Fällen die nötige Sachkunde fehlt, wird ein Gutachter eingeschaltet, der sogenannte öffentlich bestellte und vereidigte Sachverständige (öbvSV). Dieser wiederum schaltet, auch wegen fehlender spezieller Sachkenntnisse, ein von DIN CERTCO anerkanntes und nach EN ISO/IEC 17025 akkreditiertes Prüflaboratorium ein, um damit nun einen „offiziellen Prüfbericht“

über die Leistungsbestimmung für hier zur Debatte stehende zwei elektrisch beheizte Natursteinplatten zu erhalten und somit dann auch eine Aussage vor Gericht machen zu können.

Um nun die Absonderlichkeiten, Irrwege und Widersprüche in diesem Verfahren zu verdeutlichen, sei aus einer zu diesem Vorgang speziellen Stellungnahme, die für die Lieferfirma erarbeitet wurde, auszugsweise zitiert:

„Die zu ermittelnde Wärmeleistung wurde in Anlehnung an EN 442-2 geprüft. Hierzu ist zu sagen: Die EN 442-2 gilt für Konvektionsheizungen (Luftheizungen) und unterliegt thermodynamischen Gesichtspunkten. Da die zwei elektrischen Heizplatten jedoch Strahlungsheizkörper sind und demzufolge quantenmechanischen Regularien gehorchen, ist die Anwendung von Normen und Richtlinien für die Bestimmung der Wärmeleistung von Konvektionsheizungen für diesen speziellen Auftrag fehlerhaft; es werden irreguläre Ergebnisse erzielt.“

„Bei Kenntnis der wesentlichen und ausschließlich physikalisch bedingten Unterschiede muß der vorgelegte Prüfbericht als ein nicht sachgerechter eingestuft werden. Auf folgende ‚Ungenauigkeiten' wird hingewiesen:

- *Bei der Versuchsdurchführung (8.) wurde die elektrische Leistungs**aufnahme** ermittelt. Geprüft werden sollte jedoch die Leistungs**abgabe** der Heizplatten. In der Thermodynamik sind beide Angaben in der Regel identisch, in der Quantenphysik jedoch wird die Leistungsabgabe der Strahlung durch Photonen bestimmt, die Träger von Informationen sind und die über Radio, Fernsehen, Radar, Infrarot, Röntgenstrahlen und Gammastrahlen vermittelt werden. Bei Gleichsetzung von Leistungsaufnahme und Leistungsabgabe liegt somit ein methodischer Fehler vor.*
- *„Die Kühlwassertemperatur für die Kabinenumschließungswände wurde so gewählt, daß sich in der Kabine eine ‚Bezugs-Lufttemperatur' von 20 °C einstellt. Diese Maßnahme ist überflüssig, da bei der Strahlung eine Behandlung der Luft nicht möglich ist.“*

Es wurden dann die Leistungszahlen nach Stefan-Boltzmann genannt, die von denen des Prüfberichtes natürlich erheblich abwichen. Und so hieß es weiter:

„Diese Unterschiede werden verständlich, wenn die theoretischen Modelle zum Mechanismus der Wärmestrahlung, die Max Planck zu der fundamentalen Erkenntnis der Quantelung der Energie führten, beachtet werden. Die Quanten der Strahlung werden Photonen genannt (deshalb Quantenphysik) und sind die Bausteine der Wärmestrahlung.“

Daß unter diesen Umständen die Aussagen des öffentlich bestellten und vereidigten Sachverständigen (öbvSV), der inhaltlich die Aussagen des Prüflaboratoriums übernahm, sach- und fachlich gesehen ebenfalls äußerst fehlerhaft waren, versteht sich von selbst. Dazu wurde gesagt:

„Allerdings versucht der Sachverständige, das Aufführen der "mittleren Wärmeleistung" durch Berücksichtigung der Zu- und Abschaltung der Stromaufnahme mittels eines Thermostaten zu begründen.

- *Die Berechnung einer „mittleren Wärmeleistung" durch Berücksichtigung der Zu- und Abschaltung der Stromaufnahme ist nicht berechtigt, da nicht der aufgenommene Strom strahlt, sondem die dadurch temperierte Oberfläche. Diese temperierten Flächen strahlen ständig zwischen den durch den Thermostaten eingestellten oberen und unteren Temperaturen.*
- *Dies aber zeigt sehr deutlich, daß bei unterbrochener Leistungs**aufnahme** durch einen Thermostaten ja kontinuierlich eine ständige Leistungs**abgabe** durch die temperierten Strahlungsflächen erfolgt. Deshalb muß hier konsequent zwischen Leistungsaufnahme (Strom) und Leistungsabgabe (Wärmestrahlung) unterschieden werden. Diese Unterscheidung wird aber nicht gemacht.*
- *Die Schlußfolgerung des öbv Sachverständigen, daß nur die festgestellte mittlere Wärmeleistung herangezogen werden kann und demzufolge die eingebauten Heizkörper die vom Hersteller angegebenen Heizleistungen nicht erbringen können, ist insofem ein kapitaler Trugschluß. Bei Kenntnis quantenmechanischer Grundlagen wäre dieser fachtechnische Lapsus eines Sachverständigen vermieden worden."*

Dieser Vorgang zeigt, wie die Strahlungsheizung fehlerhaft beschrieben, falsch interpretiert und systematisch verunglimpft wird, nur weil man über Quantenmechanik zu wenig weiß; es entstehen fehlerhafte Gutachten und Sachaussagen. Dadurch erfolgen infolge mangelnden Sachwissens derartige Fehlinterpretationen mit den damit verbundenen gerichtlichen Fehlurteilen. Hier wurde der Klage des „Kunden" stattgegeben. Der Kläger entfernte die Strahlungsheizung und ließ sich eine Ölheizung einbauen – alles zu Lasten der Lieferfirma. Das kommt dabei heraus, wenn auf technischem Gebiet das Unwissen regiert, fachlich Überheblichkeit und Arroganz dominieren und das Gericht dies auch noch honoriert.

Aus Gründen einer vom Gericht immer anzustrebenden Wahrheitsfindung, die ja aus Gerechtigkeitsgründen stets das Ziel sein sollte, wäre die Würdigung aller vorliegenden Fachaussagen geboten gewesen. Obgleich es heißt, Gerichte ergründen nicht die Wahrheit, sondern fällen lediglich Urteile, sollte die Hoffnung nicht aufgegeben werden, daß Gerichte letztlich doch bemüht sind, der Wahrheit recht nahe zu kommen. Hier allerdings ist bis jetzt davon nichts zu spüren, denn der „Sachverständige" beharrte auf seinen Irrtümern.

6.5.7 Kuriositäten

Anbieter von Strahlungsheizungen versuchen stets, Ihre Produkte von (vermeintlichen) Fachleuten analysieren und bewerten zu lassen. Neben der immer anzutreffenden Unwissenheit und Unkenntnis über die quantenmechanischen Besonderheiten treten dann auch manchmal eigenartige Kuriositäten auf, die auf eine völlige Überforderung der vorliegenden geistigen Fähigkeiten hindeutet.

Bei einem sogenannten Test für eine Strahlplatte wurden folgende Fehler und Irrtümer mit eingebaut:

1. Es wird mit der Raumluft operiert, wobei bei einer Temperatur von 23°C dann die Dichte (1,2 kg/dm³ statt 1,2 kg/m³ – das würde ein Gewicht von 1200 kg pro Kubikmeter Luft bedeuten) sowie die spezifische Wärmekapazität (0,7

kJ/kg K statt 1,0 kJ/kg K) angegeben wird. Dabei hat bei der Leistungsbestimmung einer Strahlplatte die Luft überhaupt keinen Einfluß, denn Luft ist für Strahlung diatherm. Luft kann durch Strahlung nicht erwärmt werden.

2. Bei der Leistungsbestimmung wird nach thermodynamischem Vorbild von einer Temperaturdifferenz $\Delta\vartheta$ ausgegangen. Dabei haben Temperaturdifferenzen bei der Strahlung keine Daseinsberechtigung.
3. Das Strahlungsgesetz nach Stefan-Boltzmann wird wie folgt erläutert: *„Strahlungsleistung ist proportional der 4. Potenz der Temperaturdifferenz."* Als Formel erscheint der Ausdruck: $P_{Strahlung} \approx \sigma*\varepsilon*A*\Delta\vartheta^4$. Hier wird **Stefan** und **Boltzmann** regelrecht verbogen, malträtiert und mißbraucht.
4. Dieser Unfug kann zustande kommen, wenn in der Formel für den Strahlungsausgleich, der ja fälschlicherweise als Strahlungsleistung angesehen wird und deshalb sowieso unzutreffend ist, der Ausdruck $(T_1^4 - T_2^4)$ umgemünzt wird in den Ausdruck $(T_1 - T_2)^4$ oder dann vereinfacht zu $\Delta\vartheta^4$. Diese Umformung ist schizophren und offenbart elementare mathematische Lücken; mit solchen technischen Geniestreichen aber scheint man bei dem heutigen „Bildungsstand" wohl durchaus immer rechnen zu müssen.

Dieses Beispiel zeigt sehr deutlich, daß Leute, die sich für Fachleute halten, hier munter ihr Unwesen treiben und sich selbst für die Produktion von technischem Unsinn durchaus für prädestiniert und kompetent einschätzen.

6.6 Konsequenzen

Seit über zehn Jahren wird über diese humane und überaus effiziente Heiztechnik heftig debattiert [Meier 95]. Die Strahlungsheizung steht im Focus der wissenschaftlichen Auseinandersetzung. Diese jedoch wird zur Farce, weil die quantenmechanischen Grundlagen einer Strahlung zwar bekannt sein sollten, jedoch meist ignoriert und bagatellisiert werden. Auch wird fehlerhaft interpretiert, ausgelegt und argumentiert. Man bewegt sich in bekannten eingefahrenen Gleisen. Die angeführten vielen Beispiele hierfür sprechen eine deutliche Sprache. Darüber hinaus neigt man in „wissenschaftlichen Kreisen" noch dazu, an den einmal getätigten fehlerhaften Aussagen, auch aus Prestigegründen, krampfhaft festzuhalten. Insofern werden, bewußt oder unbewußt, die Vorzüge und Vorteile einer Strahlungsheizung nicht hinreichend gewürdigt. Die Marktfavoriten der Gebäudeausrüstung blocken rigoros ab und vermeiden sachgerechte Dispute.

Um hier den maßgebenden und interessierten Leuten in Wissenschaft und Forschung, in Wirtschaft und Administration eine klare Marschrichtung für künftige Aktivitäten zu geben, sind die wichtigsten Punkte der physikalischen Grundlagen, die sich wesentlich von den Grundlagen einer Konvektionsheizung unterscheiden, noch einmal genannt:

1. Die Strahlungsleistung gehorcht quantenmechanischen Gesetzen. Man muß sich also von thermodynamischen Gedankengängen verabschieden.
2. Jede temperierte Oberfläche strahlt, auch eine verputzte Wand von z. B. 22 °C. Insofern genügen für die Heizanlage niedrige Temperaturen.

3. Eine Energiestrahlung erwärmt keine Luft. Ein definierter „Wärmeübergang" und „Übertemperaturen" sind also nur virtuelle Konstrukte.
4. Da bei der Energiestrahlung nur die Oberflächentemperaturen der Strahlfläche maßgebend sind, interessieren Lufttemperaturen überhaupt nicht.
5. Alle Oberflächentemperaturen im Raum gleichen sich durch Strahlungsausgleich an. Ein „Wärmetransport durch Luft" ist nicht relevant.
6. Die Energiequelle für die Heizung sollte nicht *in* der Wand liegen, da für die Strahlungsleistung allein die Oberflächentemperatur maßgebend ist.
7. Eine Energiestrahlung durchdringt kein normales Glas. Dadurch werden „Wärmeschutzgläser" mit kleinen U-Werten überflüssig.
8. Die Aufgabe einer Strahlungsheizung liegt ausschließlich in der Sicherstellung ausreichender *Oberflächen*temperaturen (etwa 20 bis 22 °C). Ausreichende *Raumluft*temperaturen wie bei der Konvektionsheizung sind dagegen zweitrangig.
9. Da verläßliche Leistungsdaten noch nicht vorliegen, müssen diese umgehend experimentell ermittelt werden. Allerdings dürfen für diese Prüfungen nicht die nur für Konvektionsheizungen geltenden Richtlinien und Normen herangezogen werden.
10. Hier gilt es, auf der Grundlage quantenphysikalischer Erkenntnisse Verfahrensregeln, Richtlinien und Normen neu zu erarbeiten, da es für Strahlungsheizungen diese noch nicht gibt.
11. In der Quantenphysik muß der Energieerhaltungssatz weiter gefaßt werden und die Atome mit einbezogen werden. Bei temperierten Strahlflächen heißt das konkret: Die Leistungs*aufnahme* darf nicht als Leistungs*abgabe* deklariert werden. Dies wäre ein fundamentaler Fehler.
12. Auf bisher veröffentlichte „offizielle" Leistungsangaben darf deshalb nicht zurückgegriffen werden. Die physikalischen Grundlagen sind falsch.

Die Gelehrtensparte der Strahlungstheoretiker ist rettungslos überfordert, wenn es gilt, diese zwölf Punkte geistig zu registrieren und zu verinnerlichen – und dann auch noch womöglich praktikabel umzusetzen. Statt dessen jongliert man nach wie vor lieber auf dem unsicheren Seil des Unwissens und der Inkompetenz, als sich nun intensiv, ernsthaft und aufrichtig der Wahrheitsfindung zuzuwenden. Es ist insofern nicht verwunderlich, aber besonders auch erschreckend, wieviel pseudowissenschaftlicher Plunder fabriziert wird und demzufolge dann so einfach „in der Welt ist." Insofern werden die praktizierenden Strahlungsheizungsanwender arg getäuscht, gebeutelt und betrogen. Strahlungspraxis hat es schwer und steht deshalb erst am Anfang der Entwicklung.

Auf dem Gebiet der Strahlung muß also noch viel wissenschaftliche Arbeit bewältigt werden. Völlig neue Gedankengänge, die sich den quantenmechanischen Gesetzen unterordnen, bedeuten eine völlige Neuorientierung heiztechnischer Forschungsarbeit.

Allerdings wird auf diesem speziellen Gebiet der Strahlungsheizung viel gekalauert, getönt und herumpalavert, die Wichtigtuer, getarnt als „Experten", stolzieren mit Imponiergehabe lauthals herum. Vor diesen Leuten muß gewarnt werden.

7 Schlußbemerkung

Das Bauen wird verbürokratisiert, parallel dazu schwillt das Richtlinien- und Verordnungswesen zu einer Informationsflut an, die quantitativ und damit auch qualitativ zum Informationsmüll degeneriert [Groll 85]. Bautechnik wird zur Farce, das Bauen betritt Irrwege, dubiose Entwicklungen sind zu verzeichnen. Die Bauphysik und damit im Sog nun auch die Heizungsphysik wird immer abwegiger [Meier 07].

Mit der These der „Pluralität der Meinungen" nistet sich überall Lug und Trug ein. Die **Bacon**sche Aufforderung zur Verwirklichung „nützlicher" Wissenschaft wird konsequent im lobbyistischen Sinne umgesetzt. Davon wird auch die Heiztechnik betroffen. Die einen sind naiv und unwissend genug, daß sie das, was sie vertreten, selbst glauben; die anderen sind raffiniert und trickreich genug, um bei diesem Treiben zur Genüge abzuschöpfen und dabei treuherzig den Biedermann zu mimen. Die Wissenden und Sachkompetenten jedoch werden diffamiert und eliminiert – sie stören nur und werden von den „Etablierten" ausgesondert.

Was die Medienlandschaft dabei zu leisten imstande ist, beweist die teilweise sogar zum Meinungs- und Gesinnungsterror ausufernde geistige Berieselung. Meinung ist doch vielfältig produzierbar, unbegrenzt manipulierbar und konformistisch selektierbar.

Ein Wort von **Jean-Jacques Rousseau** bekommt hier besondere Bedeutung:

"Es ist nicht nötig, den Charakter der Leute zu kennen,
sondern nur ihre Interessen, um ungefähr zu erraten,
was sie zu jeder Sache sagen werden."

Interessen jedoch sind von der Wahrheit oft weit, meist zu weit entfernt. Das ist der eigentliche Skandal in unserer so fortschrittlichen Wissens- und Informationsgesellschaft. Die *Versorgung* mit Unfug und Nonsens wird immer umfangreicher.

Bei [Ratzinger 05] ist deshalb auch zu lesen:
„Heute sind drei Werte im allgemeinen Bewußtsein führend, deren mythische Vereinseitigung zugleich die Gefährdung der moralischen Vernunft im Heute darstellt. Diese ... sind ***Fortschritt, Wissenschaft, Freiheit****.*

Diese Begriffe können in der Tat nur noch als Mythos hochgehalten und gehandelt werden. Was alles mit *„Fortschritt"* begründet und gepriesen wird, entpuppt sich oft als fataler Rückschritt. Der Kunde aber muß bluten. Mit der heute praktizierten *„Wissenschaft"* aber ist auch kein Staat zu machen. Diese hängt im Schlepptau einer geldgierigen Wirtschaft und lebt dabei auch ganz gut. Etwas Vernünftiges für Kunden jedenfalls kommt dabei nicht heraus. Aber auch eine schrankenlos propagierte *„Freiheit"* wird oft mißbraucht; man begründet dies mit einem zu tolerierenden Pluralismus verbunden mit einer unverzichtbaren Vielfalt der Meinungen. Freiheit wird dabei völlig mißverstanden, da die Verantwortung für ein Handeln in Freiheit verloren geht. Im Vordergrund steht dagegen der Eigennutz, der voll ausgelebt wird. Der so wichtige Gemeinnutz ist dann vollends passé, er wird nur noch dem staunenden Publikum vorgegaukelt. Daß dabei Vernunft und Moral am Ende das Nachsehen haben, das leuchtet ein – man braucht nur in die Tagespresse zu schauen.

Wie ist dieser Trend umzudrehen? Gerade die integren und seriösen Fachleute sind es, die endlich die richtigen Weichen für die Zukunft zu stellen in der Lage sind. Vernunft ist gefragt, jedoch keine ideologische und damit auch bautechnische Verwüstung [Steinbuch 86]. Die Kunden, Verbraucher und Nutzer haben ein Recht darauf, denn die Benachteiligten sind immer die Bauherren und Investoren – sie müssen auch noch den angebotenen Plunder und den vielfach produzierten technischen Unfug teuer bezahlen.

Wenn Erkenntnisse der Vergangenheit vergessen und statt dessen dubiose Richtlinien und Vorschriften – national und europaweit – offeriert werden, dann führt dies zu einem potenzierten bautechnischen Chaos. Das Andersen-Märchen

"Des Kaisers neue Kleider"

wird zur traurigen Wirklichkeit. Es werden Dinge kolportiert, die einfach nicht stimmen, nicht stimmen können. Dabei wird dann mehr Falsches als Richtiges erzählt – und in die Tat umgesetzt; die Bauten und damit die Bauherren sind die Leidtragenden, die tagtägliche Praxis und die vielen Bauschadensseminare beweisen diese Sucht zur Qualitätslosigkeit und Fehlerhaftigkeit.

Der Bundesverband Schimmelpilzsanierung e. V. hat die Zeichen der Zeit sehr wohl erkannt, um nun selbst auch noch an offensichtlich bewußt fabrizierten Baufehlern zu profitieren. Dabei wäre eine Strahlungsheizung die einfachste und sicherste Lösung des Problems. Statt dessen ist dieser Verband bereits sehr aktiv, wirbt zusehends für eine Teilnahme und damit für die Verbreitung unsinniger und zweckloser Therapien, die weitgehend auf Irrtümern und Denkfehlern beruhen.

Damit aber sorgt er dafür, daß Arbeit, Aufgaben und Aufträge nie versiegen. Schimmelpilzsanierung ist bereits das große Geschäft geworden. Der Berufsverband Deutscher Baubiologen e. V. veranstaltet „Pilztagungen" unter dem Motto:

„Nachweis, Bewertung, Sanierung und Qualitätssicherung
von Schimmelpilzen in Innenräumen"

Sogar die Qualität von Schimmelpilzen wird hiernach gesichert! Es ist schon makaber, was im Augenblick auf technischem Gebiet abläuft. Die reale Welt des Seins wird ersetzt durch die virtuelle Welt des Scheins, gefördert und unterstützt durch einen mit dubiosen Programmen gespeisten wild gewordenen Computer. Auch die etablierte Strahlungsphysik baut eine pseudowissenschaftliche Märchenwelt auf, die gläubig akzeptiert werden soll. Geistig soll man zum willfährigen Konsumenten degradiert werden – das große Ziel der „Macher."

Eloquente Rhetorik vernebelt dabei die Wirklichkeit. Das (manipulierte) Geschäft mit dem Ziel der Gewinnmaximierung steht im Vordergrund. Die Tyrannei der Meinungsbildung nimmt immer schlimmere Formen an. Nicht Wissen und Erkenntnisse, sondern Meinung und ideologisch motivierte Bekenntnisse zur Wirtschaft und Finanzwelt sind gefragt. Nur allein diese werden im Interesse einer geschäftstüchtigen und rigoros operierenden Industriepolitik formuliert, verbreitet und gestreut. Die „Informationsgesellschaft“ zeigt sich von seiner üblen Seite.

Es werden Glaubenssätze verbreitet, analog der mittelalterlichen Scholastik. Geistig und moralisch sind wir, so scheint es, bereits wieder im Mittelalter angelangt, in der verdüsterten Zeit *vor* der Aufklärung. All dies führt zu einem bautechnischen Trend, der mit Baukultur und Baugewissen nicht mehr vereinbar ist. Mit Wissenschaft hat dies ebenfalls nichts mehr zu tun. Es sind Kräfte am Werk, die traditionelles Wissen zu unterminieren versuchen, ja es sogar zum Verschwinden bringen wollen. Meist sind bei offiziellen Argumentationen gewaltige Schwächen und immense Schwierigkeiten zu erkennen, so daß gezwungenermaßen auf allgemeine, unverbindliche und nichtssagende Erklärungen und Erläuterungen ausgewichen wird, um den Sachverhalt eher zu vernebeln und zu verschleiern, als ihn zu klären. Die semantischen Verwerfungen nehmen überhand. Die Interessen des Argumentierenden decken sich dabei nicht immer mit den Interessen der Kunden, der Verbraucher, der Anwender, die die ganze Wahrheit erfahren wollen. Eine jedoch weit verbreitete Desinformation aber ist im Interesse der Seriosität, Redlichkeit und Lauterkeit strikt abzulehnen. Wissenschaft ist kein Marktplatz der Eitelkeiten und der Arroganz.

Wie kann man sich diesem (auch moralischen) Strudel entziehen?

Aufklärung wird deshalb heute dringender denn je [Postman 99]. Es muß ein gemeinsamer Nenner gefunden werden, der die Basis für sachbezogene bautechnische Empfehlungen abgeben kann. Naturgesetze, die Mathematik und die Logik sind deshalb unverzichtbare Werkzeuge, um hier zügig voranzukommen. Die Zeit ist reif.

Wenn es gelingt, kursierende Aussagen zu widerlegen, so muß dieses Vorgehen im Interesse einer notwendigen Wahrheitsfindung akzeptiert werden. Alles andere führt am Thema vorbei. Hierfür einen konstruktiven Beitrag zu liefern, das hat sich auch der „Club of Home“ zum Ziel gesetzt [COH].

Einen Beitrag für die unabwendbar gewordene Aufklärung über das notwendige Wissen, aber auch über das verzichtbare Scheinwissen soll jedoch auch dieses Buch leisten, das so manchen „Heiz-Experten“, wenn er den Text aufmerksam und mit Interesse liest, aus dem Schlummer und der eingefahrenen Lethargie reißen sollte – sofern er geistig dazu überhaupt noch aufnahmefähig ist. Bei der heute vorzufindenden chaotischen Situation gilt es doch immer wieder, die Gemüter aufzurütteln, um der Wahrheit eine Bresche zu schlagen. Dies ist die wichtigste Aufgabe und möge recht bald geschehen.

8 Anhang

8.1 Literatur

[Altendorf 88] (7)
Altendorf, W.: Einfälle, Gedanken und Ideen: Über die Probleme, Erfindungen in das rechte Licht zu rücken. Beratende Ingenieure 1988, H. 3.

[Bischof 08] (22)
Bischof, M.: Biophotonen, Das Licht in unseren Zellen. Zweitausendeins, 14. Auflage 2008.

[Bogoslovskij 82] (31, 45, 61)
Bogoslovskij, V. N.: Wärmetechnische Grundlagen der Heizungs-, Lüftungs- und Klimatechnik. VEB Verlag für Bauwesen, Berlin 1982.

[Cerbe 96] (45, 48, 53, 56, 61, 73)
Cerbe, G.; Hoffmann, H.-J.: Einführung in die Thermodynamik – von den Grundlagen zur technischen Anwendung. Hanser Verlag München 1996.

[COH] (99, 129)
Club of Home e.V. Berlin, gemeinnütziger Verein zur Bewahrung einer vergessenen Baukultur 2008. Kontaktadresse: Johannes Thomae Weilheimerstraße 5 82418 Murnau, Tel. 08841-616640, email: email@sancal.de

[COH 08] (99, 110)
Meistern statt Scheitern. Jahrbuch 1-2008 des Club of Home e.V. Berlin [COH]. Gloor Verlag München.

[Cords-Parchim 53] (31)
Cords-Parchim, W.: Technische Bauhygiene. Teubner Verlag Leipzig, 1953.

[Cziesielski 85] (16, 24)
Cziesielski, E.; Daniels, K.; Trümper, H.: Ruhrgas Handbuch – Haustechnische Planung. Hrsg. Ruhrgas AG, Karl Krämer Verlag Stuttgart 1985.

[DIN 98] (93)
Die Finanzierung des DIN. Herausgeber: Deutsches Institut für Normung e. V. 1998,
DIN – Etwas über DIN. Herausgeber: Deutsches Institut für Normung e. V. 1998.

[DIN 04] (96)
Die Deutsche Normungsstrategie. Roadmap für die Entwicklung der Normung und Standardisierung, 2004 erarbeitet.

[DIN 05] (93)
Ausschuss Normenpraxis (ANP) im DIN Deutsches Institut für Normung e.V.
Herausgeber: Deutsches Institut für Normung e. V. 2005.

[Di Trocchio 95] (3, 5, 98)
Di Trocchio, F.: Der große Schwindel, Betrug und Fälschung in der Wissenschaft. Campus Verlag Frankfurt/Main New York 1995.

[Di Trocchio 98] (3)
Di Trocchio, F.: Newtons Koffer, Geniale Außenseiter, die die Wissenschaft blamierten. Campus Verlag Frankfurt/Main New York 1998.

[Eisenschink 81] (18, 106)
Eisenschink, A.: Strahlungsklima aus dem Türfutter. Sanitär- und Heizungstechnik 1981, H. 11, S. 1057.

[Eisenschink 87] (103)
Eisenschink, A.: Falsch geheizt ist halb gestorben. 5. Auflage, Gräfelfing: Technischer Verlag Resch KG, 1987.

[Eisenschink 07] (106, 107)
Eisenschink, A.: Die Anfänge der Strahlenwärme und deren Zukunft. In: Die überzeugenden Eigenschaften der Strahlungswärme; raum & zeit, H. 145/2007, S. 24.

[EnEV 07] (94)
Verordnung über energiesparenden Wärmeschutz und energiesparende Anlagentechnik bei Gebäuden. (Energieeinsparverordnung vom 24. 07. 2007, in Kraft getreten am 1. 10. 2007).

[Fischer 07] (110)
Fischer, K.: Die konservatorische Temperierung. Vortrag auf der Tagung „Technische Gebäudeausrüstung im Baudenkmal: Entwicklung – Erhaltung – Modernisierung" am 31. 01. / 01. 02. 2004 in Würzburg. In: „Burgen und Schlösser", Zeitschrift für Burgenforschung und Denkmalpflege H. 4, 2007, S. 245.

[Fischer 07a] (110)
Fischer K.: Ein Erfahrungsbericht zur Hüllflächentemperierung. In: Die überzeugenden Eigenschaften der Strahlungswärme; raum & zeit, H. 145/2007, S. 22.

[Gartner 78] (75, 111)
Gartner, K.: Die integrierte Fassade eine bessere und wirtschaftlichere Heiz- und Kühltechnik. Werkstätten für Stahl- und Metallkonstruktionen, Gundelfingen, 1978.

[Gartner 07] (75, 110)
Gartner, J.: Integrierte Fassaden zum Heizen und Kühlen. Gundelfingen, 2007.

[Gertis 82] (72, 73, 79)
Gertis, K.; Erhorn, H.: Infrarotwirksame Schichten zur Energieeinsparung bei Gebäuden? Haustechnik-Bauphysik-Umwelttechnik 1982, H. 1, S. 20 und S. 33.

[Glück 82] (15, 26, 45, 46, 49, 61, 68, 69, 75, 103)
Glück, B.: Strahlungsheizung – Theorie und Praxis. Verlag C. F. Müller Karlsruhe 1982.

[Gösele 85] (27, 61, 68, 69, 75)
Gösele, K.; Schüle, W.: Schall, Wärme, Feuchte. Bauverlag Wiesbaden Berlin 1985.

[Groll 85] (94, 127)
Groll, K. M.: In der Flut der Gesetze – Ursachen, Folgen, Perspektiven. Droste Verlag GmbH Düsseldorf 1985.

[Holton 00] (25)
Holton, G.: Wissenschaft und Anti-Wissenschaft, Springer Verlag Wien, New York, 2000.

[KEM 82] (48)
Kleine Enzyklopädie Materie, VEB Bibliographisches Institut Leipzig 1982.

[KEN 83] (11)
Kleine Enzyklopädie Natur. VEB Bibliographisches Institut Leipzig 1983.

[Kotterer 04] (115)
Kotterer, M.: Klima in Museen und historischen Gebäuden: Die Temperierung. Wissenschaftliche Reihe Schönbrunn, Band 9, 2004.

[Künzel 07] (118)
Künzel, H.: Bauphysik und Denkmalpflege. Fraunhofer IRB Verlag Stuttgart, 2007.

[Leitgeb 90] (11)
Leitgeb, N.: Strahlen, Wellen, Felder, Ursachen und Auswirkungen auf Umwelt und Gesundheit. DTV Stuttgart, New York, 1990.

[Lüscher 87] (20, 21, 25, 26)
Lüscher, E.: Moderne Physik. Serie Piper Bd. 457, R. Piper Verlag München, 3. Aufl. 1987.

[Lutz 94] (31, 45, 48, 61)
Lutz, P.; Jenisch, R.; Klopfer, H.; Freymuth, H.; Krampf, L; Petzold, K.: Lehrbuch der Bauphysik, Teubner Verlag Stuttgart, 3. Auflage 1994.

[Markl 89] (94)
Markl, H.: Wissenschaft: zur Rede gestellt – Über die Verantwortung der Forschung. R. Pieper Verlag, München 1989, Serie Pieper – Aktuell.

[Markl 90] (94)
Markl. H.: Wissenschaft im Widerstreit. Zwischen Erkenntnisstreben und Verwertungspraxis. VCH Verlagsgesellschaft mbH, Weinheim, New York, Basel, Cambridge 1990.

[Meersburg-Urteil] (95)
Bundesverwaltungsgericht Aktenzeichen 4 C 33 – 35/83, Urteil vom 22.05.87. Fundstelle: Neue Juristische Wochenschrift 1987, H. 45, S. 2888 (Quelle: Raimund Probst – Frankfurt).

[Meier 90] (97)
Meier, C.: Die DIN 4108 „Wärmeschutz im Hochbau“ (BRD) und die TGL 35424 „Bautechnischer Wärmeschutz“ (DDR). Berliner Bauwirtschaft 1990, H. 14, S. 289.

[Meier 95] (12, 18, 46, 100, 113, 125)
Meier, C. (Hrsg.): Wärmeschutzplanung für Architekten und Ingenieure. Rudolf Müller Verlag, Köln 1995, 2 Bände mit insgesamt ca. 1800 Seiten (seit Mai 1998 spektakulär und vertragswidrig vom Markt genommen).

[Meier 99] (18, 34, 89)
Meier, C.: Humane Wärme. Strahlungswärme als energiesparende Heiztechnik. bausubstanz 1999, H. 3, S. 40.

[Meier 00] (1)
Meier, C.: Alles was recht ist. Rechtliche Randbedingungen des Gebäudewärmeschutzes. bausubstanz 2000, H. 2, S. 45.

[Meier 01] (18, 34, 113)
Meier, C. Heizung/Raumklima – Humane Strahlungswärme. Wohnung + Gesundheit 2001, H. 3 (Nr. 98), S. 51.

[Meier 04] (91)
Meier, C.: DIN-Normen, EnEV und die Sachverständigen. Bauen im Bestand – Bautenschutz und Bausanierung (B + B), 2004, Nr. 3, S. 38.

[Meier 04a] (18, 19, 34, 41, 82, 84)
Meier, C.: Die Behaglichkeits-Maxime. Heiztechnik: Strahlungsheizung als Alternative zur Konvektionsheizung. Bauen im Bestand – Bautenschutz und Bausanierung (B + B), 2004, Nr. 7, S. 47.

[Meier 06] (18)
Meier, C.: Heizen wie die Sonne. raum & zeit, H. 144, 2006, S. 56.

[Meier 07] (16, 18, 118, 127)
Meier, C. Mythos Bauphysik, Irrtümer, Fehldeutungen, Wegweisungen. Renningen: expert verlag; 2007, 180 Seiten.

[Meier 07a] (18)
Die überzeugenden Eigenschaften der Strahlungswärme. Fischer, K. Ein Erfahrungsbericht zur Hüllflächentemperierung (S. 22); Eisenschink, A.: Die Anfänge der Strahlenwärme und deren Zukunft (S. 24); Meier, C.: Die Wärmeleistung der Strahlungsheiztechnik (S. 25). raum & zeit, H. 145, 2007.

[Meier 07b] (18, 34)
Meier, C.: Heizen wie die Sonne. Pulsar, Okt. 2007, S. 6.

[Meier 08] (18, 34, 92)
Meier, C.: Richtig bauen – Bauphysik im Zwielicht – Probleme und Lösungen. Renningen: expert verlag; 5. völlig neu bearbeitete und erweiterte Auflage 2008, 475 Seiten.

Rezensenten schreiben:
„Ein Buch, das zum Nachdenken und ggf. auch zum Widerspruch anregt. Aber genau das will der Autor offenbar auch". Der Sachverständige.

Und weiter: *"Der Autor kann sich das Verdienst zugute halten, als Rufer in der Wüste der Blindgläubigen eine dezidierte Gegenposition eingenommen zu haben, von der aus beim Bauen manches neu zu überdenken wäre."* Deutsche BauZeitschrift.

„Immer wieder spannend zu lesen und eine Lehrstunde für falsche Interpretationen in der Bauphysik. Bauphysikalisch-funktionale Zusammenhänge und naturgesetzliche Prämissen werden kritisch betrachtet und in der Folge oftmals neu interpretiert. Die hieraus resultierenden Lösungen sind fachgerecht und effiziente Ansätze für eine wohnhygienische, energetisch verantwortliche und schadensfreie Gebäudekonzeption". Baumeister, Sept. 2007.

[Meier 09]
Meier, C.: Praxis-Ratgeber zur Denkmalpflege Nr. 11, Richtig heizen – 14 Fragen und Antworten. Informationsschriften der Deutschen Burgenvereinigung e.V. Marksburg 2009 – 56338 Braubach

[Meier 08a] (2, 18)
Meier, C.: Heiz- und Lüftungstechnik im Altbau – die bauphysikalischen Irrtümer hinter den Rechenregeln; Vortrag auf der Tagung "Technische Gebäudeausrüstung im Baudenkmal: Entwicklung – Erhaltung – Modernisierung" am 31. 01. / 01. 02. 2004 in Würzburg, in „Burgen und Schlösser", Zeitschrift für Burgenforschung und Denkmalpflege H. 2, 2008, S. 103.

[Meyers 70] (27, 42)
Meyers Lexikon Technik und exakte Wissenschaften, Bibliographisches Institut Mannheim/Wien/Zürich 1970.

[Meyers 71] (27, 42)
Meyers Enzyklopädisches Lexikon. Bibliographisches Institut Mannheim, Wien, Zürich 1971-79.

[Meyers 73] (42)
Meyers Physik-Lexikon 1973 (ISBN 3-4110-0921-7.

[Naujoks 07] (10)
Naujoks, W.: Mord in Zeitlupe. Engelsdorfer Verlag, Leipzig 2007.

[Postman 99] (1, 7, 129)
Postman, N.: Die zweite Aufklärung. Berlin Verlag 1999.

[Raiß 58] (16, 36, 38, 49, 61, 68, 69, 73, 74, 75, 103)
Raiß, W.; Bradtke, F.: H. Rietschels Lehrbuch der Heiz- und Lüftungstechnik. Springer Verlag Berlin/Göttingen/Heidelberg 1958, 13. Auflage.

[Ratzinger 05] (5, 89, 97, 127)
Ratzinger, Josef Kardinal: Werte in Zeiten des Umbruchs. Verlag Herder, Freiburg im Breisgau 2005, in HERDER spektrum Band 5592.

[Recknagel 88] (15, 31, 45, 49, 61)
Recknagel, H.; Sprenger, E; Hönmann, W.: Taschenbuch für Heizung und Klimatechnik. München und Wien: R. Oldenbourg Verlag 1988/1989.

[Reeker 94] (17, 45, 48, 53, 56, 61, 73)
Reeker, J.; Kraneburg, P.: Haustechnik – Heizung Raumlufttechnik. Werner Verlag Düsseldorf, 3. Auflage 1994.

[Reyer 00] (120)
Reyer, E.; Flertmann, C.: Zur Leistungsfähigkeit vertikaler Temperiersysteme. Bauphysik H. 22, 2000, S. 383.

[Rosenkranz 04] (4)
Rosenkranz, Z.: Albert Einstein privat und ganz persönlich. Verlag Neue Zürcher Zeitung 2004.

[Soergel 83] (91)
Soergel, C.: Tauwasserbildung in Außenwandecken; Kritische rechtliche Anmerkungen zu einem Urteil des Oberlandesgerichtes Hamm. Deutsches Architektenblatt 1983, H. 10, S. 1048.

[Steinbuch 79] (2, 96)
Steinbuch, K.: Maßlos informiert. Die Enteignung unseres Denkens. Goldmann Sachbuch 11248, 11/1979.

[Steinbuch 85] (19)
Steinbuch, K.: Unsere manipulierte Demokratie. Verlag Busse + Seewald GmbH, Herford 1985.

[Steinbuch 86] (128)
Steinbuch, K.: Schluß mit der ideologischen Verwüstung! Plädoyer für die brachliegende Vernunft. Verlag Busse + Seewald GmbH Herford 1986.

[Stoy 80] (11)
Stoy, B.: Wunschenergie Sonne. Energie Verlag GmbH Heidelberg 1980.

[Thüne 02] (16)
Thüne, W.: Freispruch für CO2! Wie ein Molekül die Phantasien von Experten gleichschaltet. edition steinherz, Wiesbaden 2002.

[Tipler 94] (20, 21, 25, 26)
Tipler, P.A.: Physik. Spektrum Akademischer Verlag Heidelberg Berlin Oxford 1994.

[TLE 81] (73)
Taschenlexikon Energie, VEB Bibliographisches Institut Leipzig 1981.

[Trogisch 02] (115)
Trogisch, A.: Museen als Opfer? Kaum Argumente für die „Temperierung" als Heizungslösung. Sanitär + Heizungstechnik 2002, H. 2, S. 44.

[Wertheimer 01] (98)
Wertheimer, J.; Zima, P. V.: Strategien der Verdummung. Infantilisierung in der Fun-Gesellschaft. Beck'sche Reihe 1423, Verlag C. H. Beck, München, 3. Auflage 2001.

[Wild 86] (6, 8)
Wild, W.: „Die Auswirkungen des grün-alternativen Wissenschaftsverständnisses auf die Forschung". Freiheit der Wissenschaft, Nr.3, März 1986.

8.2 *Besondere Leseempfehlungen*

1

Richtig bauen – Bauphysik im Zwielicht

Probleme und Lösungen
Meier, C.: Renningen: expert verlag,
9. Auflage 2016, 465 Seiten.
ISBN 978-3-8169-3341-0

Es werden die Irrwege in der Bautechnik kurz, knapp und prägnant dargestellt: Rechtliche Randbedingungen, Wirtschaftlichkeit, Humane Heiztechnik, Wärmeschutz, Feuchteschutz, Schallschutz, Fragwürdige DIN-Vorschriften, Verordnungen über den Wärmeschutz, Zukunftsträchtiges Bauen.
Durch unwiderlegbare Fakten wird eine Fehlentwicklung nachgewiesen: Wir werden zum Zweck großartiger Geschäfte systematisch desinformiert und zu viele machen dabei mit: Wissenschaft, Verwaltung und Wirtschaft in einträchtiger Zusammenarbeit.

2

Mythos Bauphysik

Irrtümer, Fehldeutungen, Wegweisungen
Meier, C.: Renningen: expert verlag, 2. erw. Aufl. 2010,
283 Seiten.
ISBN 978-3-8169-2989-5

Das Bauen unterliegt durch intensivste Lobbyistenarbeit mittlerweile dem Zwang, als oberste Priorität die Bauphysik anerkennen zu müssen, eine Bauphysik, die als Wissenschaft sogar pathologische Züge trägt.
Irrtümer und Fehler häufen sich. Sie entwickelt sich damit kontinuierlich zum Totengräber erfahrungsorientierter Bautechnik nachweisbar und unwiderlegbar.
Dieses Zusammenspiel negativer Begleiterscheinungen in der Bautechnik muss offengelegt werden. Nur dadurch können Wege aufgezeigt werden, die diese unheilvollen Tendenzen zu stoppen in der Lage sind.
Eine rückhaltlose Aufklärung im Interesse der Gesamtheit der Betroffenen, aber auch der Gesundheit der Bewohner, ist vonnöten.
Geschieht dies nicht, wird das stets proklamierte menschengerechte Bauen in einer unheilvollen Sackgasse enden.

3

Falsch geheizt ist halb gestorben

Eisenschink, A.: Verlag Dr. Ingo Resch, Gräfelfing 2004,
8. Auflage

Das ergänzte und erweiterte Manuskript stammt
aus dem Jahre 1972 und beschreibt das Unvermögen der Heizungsbranche,
vernünftige, der Gesundheit des Menschen zuträgliche Heizanlagen zu schaffen.
Darin auf Seite 39 ff:
„Handeln wider besseres Wissen schafft schlechtes Gewissen.
Schlechtes Gewissen wirkt auf die Dauer tödlich."

4

Die krankmachende Ökofalle in unseren Häusern

Verordnete Irrwege und der Ausweg
Eisenschink, A.: Johannes Thomae Verlag, Murnau 2004

Sie „funktionieren" schon in Sachen Umweltschutz?!
Dann sollten Sie aber auch wissen,
ob das funktioniert, was Sie machen!
In allen Medien wird viel über die gängigen Öko- und Umweltthemen erzählt:
Alfred Eisenschink schreibt anhand ausgewählter Themen,
was dahinter steckt.

5

Meistern statt Scheitern

Chancen des Klimawandels
Jahrbuch 1 – 2008
Club of Home e.V. Berlin, Gloor Verlag München.

Bieten jedem nicht ideologisch fixierten Zeitgenossen eine Offenbarung.
Klimawandel:
Darauf können wir uns nur einstellen!
Gedämmte Wände:
Nur die Dummen dämmen!
Trockene Zentralheizungsluft:
Nur trockene Atemluft ist gesund!
Strahlenwärme:
Gesundes Raumklima mit kühler und staubfreier Atemluft!
Verordnungen:
Der Staat hat kein Recht, uns hier Vorschriften zu machen!

8.3 Sachwortverzeichnis

8.4 Namensverzeichnis